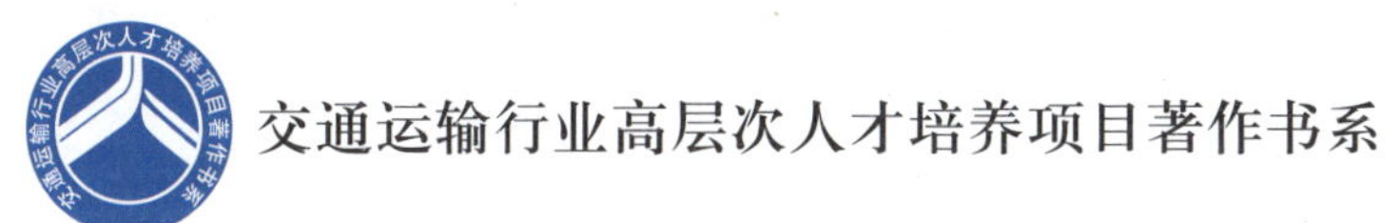
交通运输行业高层次人才培养项目著作书系

刘怀汉　付中敏　郑惊涛　陈先桥　等　编著

# 长江航道整治软体排设计与施工成套技术研发与应用

Development and Application of Flexible Mattress Design and Construction Packaged Technology in the Yangtze River Waterway Regulation Engineering

人民交通出版社股份有限公司
China Communications Press Co.,Ltd.

## 内 容 提 要

本书为“交通运输行业高层次人才培养项目著作书系”中的一本。全书重点介绍了作者及其研究团队二十余年来在长江航道整治中有关软体排设计与施工成套技术研发与应用方面开展的工作和取得的成果。全书以长江重点碍航水道的治理为背景，以科技攻关项目和整治项目为依托，解决了长江航道整治工程软体排设计与关键技术，形成了软体排设计标准、软体排施工工法、软体排新结构、铺排船自动控制系统、软体排施工质量监测装置、软体排施工综合信息管理系统等适用于长江航道整治的成套新技术。

本书可供从事航道整治工程前期研究及设计工作的技术人员使用，也可供高等院校相关专业师生参考。

**图书在版编目(CIP)数据**

长江航道整治软体排设计与施工成套技术研发与应用/刘怀汉等编著. — 北京：人民交通出版社股份有限公司，2017.7

(交通运输行业高层次人才培养项目著作书系)

ISBN 978-7-114-13654-2

Ⅰ.①长… Ⅱ.①刘… Ⅲ.①长江—航道整治—研究 Ⅳ.①U617

中国版本图书馆 CIP 数据核字(2017)第 023903 号

交通运输行业高层次人才培养项目著作书系

**书　　名：长江航道整治软体排设计与施工成套技术研发与应用**
**著 作 者：**刘怀汉　付中敏　郑惊涛　陈先桥　等
**策划编辑：**周　宇
**责任编辑：**牛家鸣
**出版发行：**人民交通出版社股份有限公司
**地　　址：**(100011)北京市朝阳区安定门外外馆斜街 3 号
**网　　址：**http://www.ccpress.com.cn
**销售电话：**(010)59757973
**总 经 销：**人民交通出版社股份有限公司发行部
**经　　销：**各地新华书店
**印　　刷：**北京市密东印刷有限公司
**开　　本：**787 × 1092　1/16
**印　　张：**10.5
**字　　数：**230 千
**版　　次：**2017 年 7 月　第 1 版
**印　　次：**2017 年 7 月　第 1 次印刷
**书　　号：**ISBN 978-7-114-13654-2
**定　　价：**60.00 元
(有印刷、装订质量问题的图书，由本公司负责调换)

# 交通运输行业高层次人才培养项目著作书系
# 编审委员会

# 书系前言

## Preface of Series

进入21世纪以来，党中央、国务院高度重视人才工作，提出人才资源是第一资源的战略思想，先后两次召开全国人才工作会议，围绕人才强国战略实施做出一系列重大决策部署。党的十八大着眼于全面建成小康社会的奋斗目标，提出要进一步深入实践人才强国战略，加快推动我国由人才大国迈向人才强国，将人才工作作为"全面提高党的建设科学化水平"八项任务之一。十八届三中全会强调指出，全面深化改革，需要有力的组织保证和人才支撑。要建立集聚人才体制机制，择天下英才而用之。这些都充分体现了党中央、国务院对人才工作的高度重视，为人才成长发展进一步营造出良好的政策和舆论环境，极大激发了人才干事创业的积极性。

国以才立，业以才兴。面对风云变幻的国际形势，综合国力竞争日趋激烈，我国在全面建成社会主义小康社会的历史进程中机遇和挑战并存，人才作为第一资源的特征和作用日益凸显。只有深入实施人才强国战略，确立国家人才竞争优势，充分发挥人才对国民经济和社会发展的重要支撑作用，才能在国际形势、国内条件深刻变化中赢得主动、赢得优势、赢得未来。

近年来，交通运输行业深入贯彻落实人才强交战略，围绕建设综合交通、智慧交通、绿色交通、平安交通的战略部署和中心任务，加大人才发展体制机制改革与政策创新力度，行业人才工作不断取得新进展，逐步形成了一支专业结构日趋合理、整体素质基本适应的人才队伍，为交通运输事业全面、协调、可持续发展提供了有力的人才保障与智力支持。

"交通青年科技英才"是交通运输行业优秀青年科技人才的代表群体，培养选拔"交通青年科技英才"是交通运输行业实施人才强交战略的"品牌工程"之一，1999年至今已培养选拔282人。他们活跃在科研、生产、教学一线，奋发有为、锐意进取，取得了突出业绩，创造了显著效益，形成了一系列较高水平的科研成果。为加大行业高层次人才培养力度，"十二五"期间，交通运输部设立人才培养专项经费，重点资助包含"交通青年科技英才"在内的高层次人才。

人民交通出版社以服务交通运输行业改革创新、促进交通科技成果推广应用、支持交通行业高端人才发展为目的,配合人才强交战略设立"交通运输行业高层次人才培养项目著作书系"(以下简称"著作书系")。该书系面向包括"交通青年科技英才"在内的交通运输行业高层次人才,旨在为行业人才培养搭建一个学术交流、成果展示和技术积累的平台,是推动加强交通运输人才队伍建设的重要载体,在推动科技创新、技术交流、加强高层次人才培养力度等方面均将起到积极作用。凡在"交通青年科技英才培养项目"和"交通运输部新世纪十百千人才培养项目"申请中获得资助的出版项目,均可列入"著作书系"。对于虽然未列入培养项目,但同样能代表行业水平的著作,经申请、评审后,也可酌情纳入"著作书系"。

高层次人才是创新驱动的核心要素,创新驱动是推动科学发展的不懈动力。希望"著作书系"能够充分发挥服务行业、服务社会、服务国家的积极作用,助力科技创新步伐,促进行业高层次人才特别是中青年人才健康快速成长,为建设综合交通、智慧交通、绿色交通、平安交通做出不懈努力和突出贡献。

**交通运输行业高层次人才培养项目**<br>**著作书系编审委员会**<br>**2014 年 3 月**

# 作者简介

Author Introduction

刘怀汉，男，1965年生，湖北武汉人，博士，教授级高工，现任长江航道局技术服务处处长、国家内河航道整治工程技术研究中心总工、交通运输部专家委员会委员，主要从事长江干线航道整治相关的规划及科研设计工作。

在国内外学术刊物上发表论文100余篇，荣获国家科技进步二等奖1项、省部级一等奖12项。国务院政府特殊津贴专家、全国“五一”劳动奖章获得者、全国劳动模范、科学中国人2011年度人物，荣获“交通青年科技英才”、交通运输行业科技特殊贡献奖等荣誉称号，入选交通运输部“十百千人才工程”第一层次人选、国家“百千万人才工程”。

代表著作有《长江上游干支流汇合口水沙特性及整治技术》（人民交通出版社，2013年）、《现代内河航道助航技术》（武汉理工大学出版社，2015年）、《长江中游荆江河段航道整治关键技术》（人民交通出版社股份有限公司，2015年）、《长江上游宜宾至重庆段航道整治关键技术》（人民交通出版社股份有限公司，2015年）。

# 作者简介

## Author Introduction

付中敏，男，1977年生，吉林长岭人，博士，教授级高工，现任长江航道规划设计研究院航道研究二所所长。主要从事长江中下游航道整治相关的规划及科研设计工作。

近年来通过主持或参与国家科技项目、西部交通建设科技项目、大型航道整治科研设计项目，解决了碍航特性和演变规律、治理措施、工程结构、模拟技术等关键技术，形成了一整套洲滩控制技术，研发了一批消能促淤、生态型整治建筑物及新型结构，对受三峡工程蓄水运用影响下的中下游航道治理有较高的造诣。

在国内外学术刊物上发表论文五十余篇，获得国家级咨询成果一等奖1项，省部级奖二十多项，其中科技一等奖6项、设计一等奖1项。获得湖北省青年岗位能手、长江航务管理局第四届“长航十大杰出青年”、交通运输部“交通青年科技英才”、交通运输部“交通运输行业中青年科技创新领军人才”、中国航海学会青年科技奖、湖北青年五四奖章等荣誉称号。

# 前　言

Foreword

长江是我国第一大河流，其干、支流通航里程 6.5 万多公里，占全国内河里程的 52%，其水运量占全国水运量的 80%，是连通我国东、中、西部地区的运输大动脉，在其流经区域的经济社会发展中具有极其重要的地位，素有“黄金水道”之称。

长江航道因水沙条件复杂、河床边界不稳定、洲滩易变，航道条件难以长期稳定，加之三峡蓄水影响、外部环境复杂，使得航道整治难度较大。软体排是由早期的柴排演变而来，由于守护效果好、适应河床变形能力强、对周边环境影响小等优点，已广泛运用于丁坝、顺坝、导流建筑物后的防冲、固滩、护岸等工程中，它能有效防止水流冲刷和因水流渗透作用而造成河床的局部变形破坏，可见软体排的设计与施工控制是航道整治工程最基础、最重要的工作。软体排在航道整治工程中的设计与施工是系统工程，涉及软体排参数设计理论、不同工况下软体排受力分析、软体排新结构、铺排船智能控制、不同工况下软体排施工工艺优化、软体排施工质量在线检测、软体排施工数字化管理与施工安全等诸多方面。

长江航道局、武汉理工大学、长江航道规划设计研究院、长江南京航道工程局、长江宜昌航道工程局、长江重庆航道工程局、长江武汉航道工程局等单位在交通运输部西部交通建设科技项目、交通运输部行业标准项目、长江航道局重点科技项目等项目支持下联合科技攻关，通过近 20 年的研究，解决了长江航道整治工程软体排设计与关键技术，形成了软体排设计标准、软体排施工工法、软体排新结构、铺排船自动控制系统、软体排施工质量监测装置、软体排施工综合信息管理系统等适用长江航道整治的成套新技术，并应用于工程建设。

本书在以下方面取得了关键成果：

(1)推进了航道整治软体排与水沙运动相互作用的模拟技术，揭示了软体排护滩和护底的作用及机理，创新并形成了适用于长江航道整治工程的系列新型软体排结构、设计理论和方法。

(2)建立了动水环境下沉排施工受力分析的数学模型及计算方法，解决了复杂条件下沉排施工力学特性现场测试关键技术，首创了不同工况下软体排施工工艺与工法。

(3)建立了基于船舶力学理论的铺排船纵向位移和航向偏移模型,设计了基于模糊逻辑的铺排船航迹保持控制器,发明了辅助施工的船舶机械系列装备,首次实现了内河铺排船沉排施工的智能控制。

(4)提出了基于侧扫声呐水下图像分析技术的水下沉排精确定位方法,首次研发了沉排施工质量在线自动检测系统,开发了基于物联网技术的沉排施工远程信息管理与铺排船施工状态监测系统,实现了施工安全预控与远程监管。

(5)形成了软体排科研、设计、施工、监测、控制等成套技术,实现了在长江航道整治工程中的大规模应用。

本书研究成果紧密联系内河航道整治工程实际,不仅能产生巨大的经济效益,而且能带来良好的社会效益。本书可供相关工程科研、设计、施工人员参考。

本书在研究过程中得到了南京水利水运科学研究院、重庆交通大学、武汉南华工业设备工程股份有限公司、武汉航道工程局等多家单位的支持,在此一并致谢!

由于作者水平有限,书中难免有疏漏和不妥之处,敬请读者批评指止。

作　者

**2016 年 8 月于武汉**

# 目　录

## Contents

# 第1章 概 论

## 1.1 研究的背景

长江水运与其他交通运输方式相比，具有占地少、成本低、能耗小、污染轻、运能大、效益高的优势，在我国综合运输体系中占有十分重要的地位，长江水运的货运量已连续11年位居世界第一。

近年来，党中央、国务院高度重视长江黄金水道建设，多次就长江航道建设作出重要批示和一系列重要部署：2011年国务院发布了《国务院关于加快长江等内河水运发展的意见》，标志着长江航运发展上升为国家战略。2013年7月21日，习近平总书记在湖北考察武汉新港时指出："长江流域要加强合作，充分发挥内河航运作用，发展江海联运，把全流域打造成黄金水道。"9月12日，李克强总理明确批示："沿海、沿江先行开发，再向内陆地区梯度推进，这是区域经济发展的重要规律。请有关方面抓紧落实，深入调研形成指导意见，依托长江这条横贯东西的黄金水道，带动中上游腹地发展，促进中西部地区有序承接沿海产业转移，打造中国经济新的支撑带。"

作为长江水运最基础的设施，长江航道条件的好坏直接影响到沿江经济的发展。天然情况下，长江航道条件较为恶劣，需要实施航道整治工程保证航道畅通。20世纪50～90年代，长江航道整治以上游为主。自90年代中期以来，以长江中游界牌河段航道整治工程为标志，拉开了长江中下游航道整治的序幕，长江航道建设步伐逐步加快，投资力度逐步加大。长江干线航道三十多处碍航浅滩得到治理。

长江航道因水沙条件复杂、河床边界不稳定、洲滩易变，航道条件难以长期稳定，加之三峡蓄水影响、外部环境复杂，使得航道整治难度较大。软体排是由早期的柴排演变而来，由于守护效果好、适应河床变形能力强、对周边环境影响小等优点，已广泛运用于丁坝、顺坝、导流建筑物后的防冲、固滩、护岸等工程中，它能有效防止水流冲刷和因水流渗透作用而造成河床的局部变形破坏，可见软体排的设计与施工控制是航道整治工程最基础、最重要的工作。软体排在航道整治工程中的设计与施工是系统工程，涉及软体排参数设计理论、不同工况下软体排受力分析、软体排新结构、铺排船智能控制、不同工况下软体排施工工艺优化、软体排施工质量在线检测、软体排施工数字化管理与施工安全等诸多方面。

长江航道水沙条件复杂，作为长江整治建筑物的软体排损毁机理、工程设计模拟技术以及设计规范等均需要深入探索。长江航道软体排施工工艺复杂，精确分析软体排施工受力分析、控制施工中软体排缩排、优化施工工艺等均需要研究。铺排船是软体排施工的核心装备，研制新型施工辅助机构，提供铺排船的自动化程度均有利于提供施工质量与进度，需要解决铺排船结构创新设计、运动建模与自动控制算法以及系统实现等一系列技术难题。软体排水下施工状态检测是保障，水下成像智能检测技术是监测软体排施工质量的发展方向,需要解决水下成像、定位、软体排施工状态判别等一系列技术难题。信息化技术是提高施工管理水平的重要手段,软体排施工涉水、离岸、施工条件恶劣,施工安全要求极高,需要解决软体排施工数字化管理、状态监控以及结合电子航道图保障施工区生产安全等一系列问题。

为此,长江航道局、武汉理工大学、长江航道规划设计研究院、重庆交通大学、南京水利科学研究院、武汉大学、长江南京航道工程局、长江宜昌航道工程局、长江重庆航道工程局,在交通运输部西部交通建设科技项目、交通运输部行业标准项目、长江航道局重点科技项目等项目支持下联合科技攻关,解决长江航道整治工程软体排设计与施工关键技术。

## 1.2 研究目的与意义

为适应长江航道建设大发展,实现长江航道整治建设的科学化、现代化、标准化、信息化,依托长江航道整治工程开展长江航道整治软体排建筑物设计关键技术、软体排沉排施工工艺及方法、铺排船智能控制、软体排施工控制信息化技术等软体排设计与施工成套技术研发与应用,旨在提出长江航道整治软体排设计基础理论方法,解决长江航道整治大规模建设中软体排施工控制的关键技术,形成长江航道整治软体排设计与施工的新标准、新工艺、新装备、新技术,推动长江航道整治工程科技创新,促进长江航道整治工程建设又好又快的发展以及航道科技人才的培养。其研究意义如下:

(1)提高长江航道通过能力、建设长江全流域黄金水道,促进长江全流域经济发展,实施国家发展战略。

长江是我国唯一贯穿东、中、西部的水路交通大通道,是沿江经济社会发展的重要引擎和强力支撑。沿江地区依托地理位置、资源条件等形成更加巩固的具有区位优势的产业带,在提供原材料、开展加工工业、发展高新技术和服务业等方面实现有机互补,产生了大量适宜水路运输的货运需求。同时,长江航运有利于促进产业聚集,日益繁荣的长江经济带对于沿江经济社会发展起到了很大的带动作用。但是与沿江经济社会快速增长的运输需求相比,长江黄金水道通过能力仍不相适应。因此,迫切需要发挥科技的主导作用加快长江航道整治进度,实现长江航运现代化发展目标,贯彻长江流域经济发展国家战略。

(2)构建航道整治基础理论体系,形成长江航道整治软体排设计与施工的新标准、新工艺、新装备、新技术,促进长江航道建设科技创新驱动发展。

近年来,我国航道工程技术人员不断攻克技术难关,逐渐掌握了长江航道整治的先进技术,加快了长江航道整治步伐,为长江"黄金水道"建设提供了重要的技术支撑。但是,长江航道水流条件多变,河床组成复杂,其航道整治工程成为我国内河航道治理的难点。因此,工程技术人员需加强对工程现场的跟踪观测,及时根据河道条件变化,适时进行施工阶段模型试验,完善和优化设计方案,确保工程效果;同时,广泛采用新技术、新设备,对工程质量实施全过程检测与施工管理及安全控制,通过科技创新推动长江航道建设快速安全发展。

(3)推动航道整治施工控制标准化与信息化,创建平安工地,加快长江智能航道发展,践行"四个交通"发展目标。

2013 年 10 月,时任交通运输部部长杨传堂在全国交通运输科技创新大会上明确指出交通行业要深化科技体制改革,加快推进科技创新,不断提升交通运输信息化及智能化水平,为加快综合交通、智慧交通、绿色交通和平安交通建设提供坚实支撑。开展长江航道整治工程装备与施工智能化技术研究,是长江航道智能化建设的重要内容,有助于推动长江智能航道的建设与应用,从而践行"四个交通"。

(4)提供科研机会与条件,形成航道科技高水平成果,培养航道整治科学研究高端人才。

研究涉及软体排设计理论、不同工况下软体排受力分析、软体排新结构、铺排船智能控制、不同工况下软体排施工工艺优化、软体排施工质量在线检测、软体排施工数字化管理与施工安全等多方面。开展本书中的相关研究,将提供大量的科研机会,必将吸引一大批航道科技人员参与,提高航道整治科学研究人员的积极性,从而培养一批高层次的科研人才。

## 1.3 国内外研究现状及分析

### 1.3.1 软体排施工概述

软体排施工最初本来是在内河有遮蔽水域使用的一种常规工艺,以土工织物为基本材料缝接成一定尺寸的排布形式加一定的压重形成的防冲护底结构。在航道整治工程中,由于软体排具有反滤、隔离、防冲刷及整体性好、适用性强等特点,已广泛运用于丁坝、顺坝、导流建筑物后的防冲、固滩、护岸等工程中,它能有效防止水流冲刷和因水流渗透作用而造成河床的局部变形破坏。软体排在航道整治工程中应用是系统工程,涉及软体排参数设计理论、不同工况下软体排受力分析、软体排新结构、铺排船智能控制、不同工况下软体排施工工艺优化、软体排施工质量在线检测、软体排施工数字化管理与施工安全等多方面。

### 1.3.2 软体排设计技术与损毁原因研究现状

软体排是护滩(底)建筑物的一种结构形式,以护滩为目的的整治建筑物在国外应用较少,相应研究亦较少,而在国内的河流治理中应用较为广泛,其中散抛块体护滩和坝体护滩形式在黄河、闽江、西江、汉江等河流治理中应用较为广泛,在长江上也有应用,对应的坝体研究在国内外也较为广泛、深入。而软体排护滩结构形式是近十几年结合长江中下游航道治理工程,在实践中逐渐探索出来的一种新型整治建筑物结构形式,由于时间较短,对其的研究也较少,仅有的研究成果还不够深入。

软体排护滩结构的主要特点是排体自身结构相对牢固,且可随滩面的变形在一定幅度内变形。该结构种类繁多,包括软体排(土工布护底、块石压载)、系结压载软体排(X形系混凝土块软体排、系沙袋软体排)、连锁块压载软体排(混凝土连锁块软体排、混凝土块穿绳排、CSB块穿绳排)和混凝土块铰链排。第一类压载与排垫完全分离,第二类压载排垫连接,压载体完全由排垫牵引;第三类压载体自身连接在一起,压载与排垫有所连接;第四类为混凝土块通过钢筋直接连接,下面不铺设排布。软体排固滩结构由于具有对滩面变形有一定的适应性、不影响行洪、造价低廉等诸多优点,因此,在航道整治工程中被广泛采用,水利部门在护岸工程中也有少量采用。

20世纪80~90年代,软体排护滩结构主要应用于汉江中游襄利河段的航道整治工程中,采用的是单层聚丙烯编织布软体排、上面覆盖块石的结构形式,虽然当时起到了一定的作用，但是由于这种排体的排垫与压载体是分离的，压载块石易滚落，排体多有毁坏，所以总体效果不是很理想，现已不再采用。

### 1.3.3 软体排沉排施工工艺研究现状

软体排主要分为混凝土连锁块排、D 形排、X 形排及砂肋排等。由于国外对软体排的应用很早，尤其是在英美等国家，其对软体排的研究也较成熟。美国国土的 1/3 以上需要堤防工程来保护，英国河道海岸整治中的护岸工程也是备受关注的。这些国家为使护岸工程标准化和规范化，专门颁布过护岸工程的设计标准和手册，并且这些技术文件随工程经验的积累不断地在结构形式（如软体排结构）、材料（如连锁块）、施工工艺（软体排铺设）等各方面都有新的发展、创新和突破。

尽管软体排在我国航道工程应用中起步相对较晚，但发展迅猛。土工织物软体排在长江航道整治工程中应用已持续 10 年，且使用数量和铺设面积均比较大，现已成为长江航道整治工程中必不可少的材料，经过多年来的科研试验及工程实践，已经初步摸索和总结了软体排在不同施工工艺下的应用方法，并做过大量连锁排施工工艺、受力分析、连锁排结构改进方面的研究。其中，水下铺设连锁排施工已广泛应用在护底、护滩等航道整治工程中，水下铺设连锁排施工主要具有如下特点：连锁排护底、护滩可以很好地保护排体下的泥沙免受水流冲刷；连锁排是一种柔性结构，能适应排体下土体变形的能力；连锁排整体性好，结构强度满足施工期及使用期稳定性要求；连锁排的压载材料可工厂化生产、陆上加工制作；现场拼装简便，可满足高强度的施工进度要求；连锁排具有良好的“贴附性”，在排体外侧床面冲刷时，能自然下垂，附在冲刷沟内坡面上。

目前，国内关于连锁排施工技术的研究并不多，主要集中在铺排船的移位控制、排体搭接宽度等方面。石满菊等人通过采用先进的测量仪器（RTK）进行定位控制，采用 2 个电动绞关控制 6 根钢缆，从而控制铺排船移位准确、对排的首尾进行处理等措施，确保了铺排船的精确定位、移船及排体搭接宽度；程玉来等人介绍了连锁排在长江口深水航道治理工程中的应用，通过建立首级 GPS 控制网、开发与实际工程相适用的监控系统、利用压排梁、沉排滑板等措施，克服了铺排施工治理难以控制的难题；黄继刚介绍了水下铺设连锁排施工的工艺流程与施工方法；武汉理工大学刘颖在硕士学位论文中介绍了软体排的由来及发展历程，并运用 ANSYS 软件分析了在不同水流流速、流向及移船速度等条件下的软体排受力情况，为软体排施工的可行性提供了理论依据；朱宪武利用悬链线理论分析，计算了移船时的软体排受力情况；陈泽迹等人介绍了铺排船在施工应用中的价值，论述了如何运用专业设备并通过系统的软硬件和系统程序进行铺排工作，还介绍了排布的种类、施工中应注意的问题；姜慧结合我国长江口某航道治理工程的施工案例，对土工布软体排护底施工技术在航道治理过程中的应用做了探讨，主要从土工布的铺设以及铺设船的操作施工等方面对航道整治的关键技术做了较为详细的阐述；钱华伟等人通过改进排体加工工艺，增设筋环，将机织针刺复合土工布和编织针刺复合土工布软体排连接起来，既保证了软体排的搭接，又节省了材料，提高了作业效率。

### 1.3.4 铺排船智能控制技术研究现状

由于铺排船运动控制方式的特殊性，难以建立精确模型，铺排船的控制理论研究一直很少。早期的铺排船没有自动纠偏措施,铺排船的移船和定位的控制大都采用手动方式来实现,这就要求操作人员具有相当丰富的工作经验,根据铺排船的航向、航迹、风、浪、流作用力的方向和大小,来协调控制各锚缆的收放长度,实现铺排船的移船和定位。这种手动控制方式会不可避免地降低铺排船的移船和定位精度,而且对操作人员的综合素质要求比较高,因此对铺排船的移船和定位的自动控制是非常必要的。

国外的工程船舶大多是自航的,且技术较为先进,铺排船就属于其中。较为著名的水下软体排铺设工程为荷兰的东谢尔德(Eastern Scheldt)闸工程。闸墩底部和闸室的上下游用不同形式的软体排保护。软体排由土工织物、砂、石和硅块组合而成。每块排体面积为200m×42m,总质量5000t,在加工厂预制,然后用浮筒在专用码头上卷绕,再用特种工程船运送到现场,并用专用铺排船准确地放在海底的工程位置,这种工艺仅运用于水深较深的区域。该铺排船船体特别大,施工速度较缓慢,且工程造价十分昂贵。但该船的自动化程度非常高,整个铺设作业全部自动完成,对施工人员的操作技术水平要求较高。在我国,大多数工程船舶是由其他船舶改装而来,自动化作业程度普遍比较低。工程船舶施工作业通常要求沿给定轨迹移船,因此要达到较好的施工效果,精确定位是关键。而工程船舶一般为非自航的船舶,即通过多台移船绞车和锚绞车的收放缆动作来实现移船。针对锚泊移位型工程船舶的系统建模和控制系统设计,部分学者从不同的角度取得了一些成果。纹岛直人于1960年在风洞水槽里进行了单锚泊的船模实验,弄清了强风作用下船舶偏荡运动情况、船体偏荡和锚链所受冲击力的关系等。米田谨次郎使用同样的船舶模型进行了制荡锚以及双锚泊实验,结果表明在风速不太大的情况下制荡锚具有一定的抑制偏荡的效果。Per. I. J. 于1976年在其博士论文中利用有限元模型对锚链的动力响应进行了数值分析,由此开始了有限元在船舶模型中的应用,许多学者应用有限元方法对锚泊模型进行了分析和研究。魏云雨等运用流体力学和船舶运动学理论,在锚泊船平面运动方程基础上,建立了5个自由度的锚泊运动数学模型,该锚泊运动数学模型包括纵荡、横荡、垂荡、首摇、纵摇运动,并且考虑了各运动之间的耦合关系,突破了以往锚泊运动数学模型的局限性。但该运动模型仅分析了单点系泊船舶的运动状态,并不能应用于工程船舶的多点锚泊移位运动控制研究中。锚泊定位系统设计中锚链设计是其核心内容,要确定锚链的锚泊长度及其布置形式,就必须进行锚链的受力分析。Chai YT等研究了基于悬链线公式半解析准静定方法能解决三维部分着底和完全悬垂的多条锚泊线问题。所提出的方法能处理任意倾斜的海床交互影响,结果具有一般性,能对于不同形式的多点锚泊系统参数以及不同形式的柔性立管系统进行快速的参数分析。黄剑等针对目前半潜式平台常用的全索链和复合索链两种定位系统进行了静力计算和比较,推导了复合索链的静力计算公式,利用该公式可以计算带有任意多重块的复合链的状态参数。孙宁松根据环境条件,对海上移动式平台的锚泊系统静力无弹性悬垂线方程进行了分析,对于锚泊定位系统的合理化设计提供了工程应用方案。马延德等应用计算锚链的悬链线方程和计算船舶运动的格林函数方法的耦合数值方法,对一锚泊的浮式生产储油船进行了定位性能计算,给出了自由状态与锚泊状态系统的运动响应特性的对比、不同状态与工况的锚泊浮体的运动性能参数以及锚链承受的张力等计算结果。研究成果可以为浮式生产储油船锚泊系统设计、校核计算和锚泊系统形式与参数优化提供初步计算结果以及用于设计方案的比较。如前所述,目前对于锚泊定位系统的研究主要集中于锚泊系统的模型研究和通过受力分析进行锚泊定位系统设计,而对于锚泊定位系统在移船控制策略方面的研究成果相对较少。相比较而言,目前国内外对于动力定位系统的研究较成熟,而对于非自航船舶的锚泊定位系统,无论是从船舶模型方面,还是船舶运动智能控制器设计选题方面,其研究成果还较少。

### 1.3.5 软体排施工质量监测技术研究现状

水下铺排质量检验的一个重要环节就是排体搭接,如果搭接达不到要求,引起水流在搭接缝隙区域进行淘刷,往往会沿排缝处发生底沙泄漏,导致排体下被保护的河床基土被冲蚀,排体上的水下建筑物坍塌的情况。在水流集中冲刷区域,局部坍陷会危及排体的安全,处理不好将会引发排体贯通性撕裂,从而造成建筑物大范围的损坏事故。

通过水下铺排搭接检测可以有效监控水下铺排施工质量,一旦发现铺排质量出现问题,可以即时给参建各方提供水下排体铺设情况的详细信息,参建各方可以依据这些信息采取各种措施,提高铺排施工质量。

1)声学声呐检测技术

目前,水下检测技术主要采取的是光学技术原理或声学技术原理。在实际应用中,声学方法的检测范围大,效率快,但是精度一般;光学方法检测范围小,效率低,但是准确性高。图像声呐由机械转动的声呐波束形成全方位或者某固定扇形角度内的扫描完成探测。它是由一个绕水平坐标轴机械旋转的水听器组成的,图像声呐(机械扫描声呐)通过声呐波束连续转动一连串微小的角度来进行扫描,每一个声呐波束,将返回距离和回波强度的数据,根据这些数据可以模拟形成水下环境的声呐图像(也称水声图像)。

2)水下摄像判定排体搭接质量的原理

根据《水运工程质量检验标准》(JTS 257—2008),搭接宽度允许偏差为($-0.5B \sim B$),$B$ 为设计搭接宽度。如设计搭接宽度3m,则1.4~6m 为合格,0~1.5m 为不合格。根据设计文件要求,在水下铺排之前,按照要求在排体设计搭接宽度处,将此处黑色加筋条换成彩色加筋条,检测中在设计搭接宽度处左右若没有发现彩色检测条则判断搭接宽度大于设计搭接宽度,若发现彩色检测条则判断搭接宽度小于设计搭接宽度。

为确定排布搭接宽度、未搭接宽度以及检测长度,在具体操作过程中主要采用以下几种方法:

(1)潜水员在水下寻找彩色加筋条,采用钢角尺测定出搭接宽度(加筋条间距0.5m)。

(2)如果潜水员在水下发现排布明显未搭接时,可采用钢尺或标尺绳连接上、下两块排布边,测定未搭接宽度。

(3)检测长度可采用GPS定位或标尺绳测量的方法测定。

该检测方法通过钢尺丈量,因此检测精度可以达到厘米级。

3)超短基线测量技术

常用的超短基线测量系统包括:一套水声换能器探头及若干个信标,采用一对多的模式;由于铺排施工作业的特殊性,需要在铺排船的船首、船尾分别安装一套水声换能器探头,采用二对多的方式进行排体的水下实时定位。超短基线的水下定位技术为铺排船的铺排施工提供了很好的测量及控制手段。较传统的利用潜水员水下探摸的方式,超短基线测量技术在铺排施工的精准控制、进度质量等方面都具有很大的优势。文献[23]针对长江南京以下12.5m深水航道一期工程铺排施工项目,在长江口白茆沙I标工程中实际应用此方法,取得了良好的效果,为铺排施工提供了新的技术手段。

4)多波束测深系统测量技术

常用单波束对水下工程进行测量,且建成后的整体运行情况很少受到关注。多波束条带测深系统,由换能器、DSP数据处理系统、高精度的运动传感器、GPS卫星定位系统、声速剖面仪及数据处理软件构成。多波束条带测深系统(125kHz),其深度量程可达200m,最大覆盖可达12倍水深,分辨率为6mm,每次扫描的取样数在20m水深时,可达2500个,在100m水深时,可达12500个。因此,多波束测深系统能够对水下地形进行全覆盖测量,具有同步测深点多、测量快捷、全覆盖等特点,能完成常规方法难以胜任的测量任务,尤其适用于大比例尺的测绘和特殊要求的水道地形测量等。由于多波束系统具有实时监测功能,可以现场监视水下地物地貌的细微变化,因而在堤防安全、溃口、崩岸、抛石护岸、水下工程施工、港口及疏浚工程监测,水下物体摸探及打捞等方面具有其他方法不可替代的作用。

文献[25]应用多波束测深系统对建成后4年的长江铰链沉排护岸工程运行状况进行扫测,通过与建成时地形进行对比,观察工程经历多个汛期后的稳定情况。对比结果是断面形状比较稳定,达到了设计的效果。文献[26]在对目前各种水下检测技术进行充分对比分析的基础上,提出超高分辨率多波束测深技术,并利用该技术成功地应用于长江武汉段铰链沉排护岸工程的水下部分施工铺设情况的勘测。实践证明,该技术在定量检测预制混凝土铰链沉排工程水下铺设质量方面具有较大的优势,并可作为类似工程水下部分质量检测的技术手段。

### 1.3.6 航道整治数字施工技术研究现状

所谓数字工程是指包含一个工程施工所需的全部信息的数据集合。其中,包括工程的拓扑和几何结构、每一构件的形态及内部钢筋结构、各种材料型号及数量,以及施工工艺要求。有了数字工程,就可以精确地计算出工程的各种成本,如材料成本、设备成本、施工成本、管理成本等;可以计算出最佳的人员安排、设备安排、材料安排等方案;可以在指定人员、设备等条件下制定最佳的施工计划并按反馈的施工进展快速调整新的后继施工计划;可以将各方面的工作按正确的时间顺序安排得井然有序;可以为每一个班组打印每一天的施工指令及操作图解辅导。上述施工计划的制订与调整,不依赖于指挥人员而是由软件按科学的规律决定,一切都是自动生成的,又是随着施工条件和进展情况及时调整的。因此,数字工程是施工管理自动化的基础。数字工程的建立方式可以有:人工方式和自动方式两种。一整套的施工图则是这两种方式的统一源头。人工方式是指通过人工读图,将施工图中所有有关施工的信息提取出来,输入数字工程。这种做法需要花费很多人力,对技术人员的要求较高且很难保证结果的完整性与准确性。自动方式是指通过计算机软件对施工图进行识别与理解处理,将施工图中所有有关施工的信息自动地提取出来,建立数字工程。在识别与理解功能完善、施工图规范化符合要求的情况下,这种方法能快速、准确地建立数字工程。在航道施工数字化管理方面,自动化控制与智能监测显示技术是提高工程船舶施工质量和效能的重要手段,也是未来工程船舶技术发展的重要方向。自20世纪80年代以来,国外就开始利用微机对工程船舶作业信息进行采集和处理,辅助操作人员进行施工作业,进而实现工况的实时监测与控制。水上施工因其特殊性,其施工区域安全性不言而喻。利用信息化技术进行施工安全控制是未来发展的一种趋势,文献[27]利用信息化技术并结合电子航道图进行研究施工安全控制,解决了传统安全监管的不足,提高了水上施工安全控制的自动化、信息化、智能化水平。

根据上述软体排设计与施工相关技术的国内外研究现状,分析得出以下的结论。随着国家对水运工程建设加大投入力度,作为航道整治工程重要整治建筑物软体排的设计与施工技术研究也得到广泛的关注。尽管近年来在软体排结构设计、施工控制等方面取得一定成果,但长江这样的长河段航道整治工程其航道环境复杂,软体排需要进一步深入系统研究,体现在如下方面:

1)软体排设计

长江航道水沙条件复杂,因此作为长江中下游整治建筑物的软体排损毁机理、工程设计模拟技术以及设计规范等均需要深入探索。

2)软体排施工工艺与控制

长江航道软体排施工工艺复杂,因此精确分析软体排施工受力情况、控制施工中软体排缩排、优化施工工艺等均需要研究。

3)铺排船自动控制

铺排船是软体排施工的核心装备,研制新型施工辅助机构,提供铺排船的自动化程度均有利于提供施工质量与进度,需要解决铺排船结构创新设计、运动建模与自动控制算法以及系统实现等一系列技术难题。

4)施工质量控制与数字化管理

软体排水下施工状态检测是保障,水下成像智能检测技术是监测软体排施工质量的发展方向,需要解决水下成像、定位、软体排施工状态判别等一系列技术难题。

信息化技术是提高施工管理水平的重要手段,软体排施工涉水、离岸、施工条件恶劣,施工安全要求极高,需要解决软体排施工数字化管理、状态监控以及结合电子航道图保障施工区生产安全等一系列问题。

综上所述,长江航道整治软体排设计与施工控制是系统工程,需要利用航道整治物理模拟、力学建模分析、实验测试、智能控制、物联网等技术对软体排设计与施工成套技术进行系统研究,从而形成长江航道整治工程新技术、新结构、新工艺,推动长江航道建设创新发展。

## 1.4 本书主要内容

本书针对长江航道整治工程中软体排的设计、制作、施工工法、施工装备、施工质量控制、施工管理信息化等成套技术进行全面研究。本书章节编排如下:

第1章,概论。从总体上介绍本书研究背景、研究目的和意义,同时介绍国内外软体排研究现状及分析。

第2章,软体排设计关键技术研究。主要从护滩建筑物概化模型试验模拟技术,软体排作用及破坏机理研究,平面布置和结构设计方面进行介绍。

第3章,不同工况软体排施工方法与工艺研究。主要进行软体排受力分析,顺水铺排施工工艺研究,深水铺排施工工艺研究,铺排船船机设备改进研究。

第4章，铺排船智能控制技术研究。在现有铺排船设计基础上，进行铺排船锚泊移位智能控制系统设计和作业监控系统开发。

第5章，软体排施工控制信息化技术研究。本章内容主要包括沉排施工在线检测技术、沉排施工状态判别技术和沉排施工远程信息管理技术。

第6章，软体排设计与施工技术应用实例。本章将前面章节研究成果应用到工程实例中。

# 第 2 章　软体排设计关键技术研究

软体排由于具有守护效果好、适应河床变形能力强、对周边环境影响小等优点，能有效防止水流冲刷和因水流渗透作用而造成河床的局部变形破坏，已广泛运用于丁坝、顺坝、导流建筑物后的防冲、固滩、护岸等工程中，是航道整治中最基本、最关键的整治建筑物。

整治建筑物的模拟技术一直是行业内亟待解决的关键技术问题，由于软体排不同于丁坝等整治建筑物，它在发挥自身作用的同时，会随着河床的变化而发生变形，因此软体排的模拟技术相对于丁坝等整治建筑物显得更加重要，因此同时满足水沙运动与建筑物相似性模拟的软体排概化模型实验技术是软体排设计中一个急需解决的难点；加上软体排使用的部位较多且长江干线水沙条件十分复杂，使得软体排设计参数确定方法也是软体排设计中的难点之一。针对以上难点，我们采用调研、理论分析、水槽试验、现场试验等手段，主要围绕软体排模拟技术、破坏机理、平面布置方法及结构设计等方面开展了大量的研究工作，提出了一套适合长江中下游、潮汐河段的软体排设计方法。

## 2.1　护滩建筑物概化模型试验模拟技术

### 2.1.1　水槽概化模型设计

1）几何比尺的确定

主要考虑边滩平面形态相似，模型边滩宽按水面收缩比 $\mu$ 与原型相等进行概化，模型边滩宽应满足下式：

$$\left(\frac{L}{B}\right)_{\mathrm{P}} = \left(\frac{L}{B}\right)_{\mathrm{M}} = \mu \tag{2-1}$$

式中：$L,B$——边滩宽和河宽；

P,M——模型和原型。

取原型边滩的宽度为 800m，河宽为 2400m，边滩引起的收缩比为：

$$\mu = \frac{L}{B} = \frac{800}{2400} = 0.33 \tag{2-2}$$

水槽概化模型仅考虑模拟部分工程长度。模型的河宽取 3m，故模型边滩的宽取 1m，采用平面比尺：$\lambda_L = 60$，概化模型设计为正态，故水平比尺和垂直比尺为：

$$\lambda_L = \lambda_H = 60 \tag{2-3}$$

2）水流比尺的确定

为了保证水流运动的相似，应同时满足下列条件：

$$\lambda_V = \sqrt{\lambda_H} \tag{2-4}$$

$$\lambda_V = \frac{1}{\lambda_n}\lambda_H^{\frac{1}{6}}\frac{\lambda_H}{\sqrt{\lambda_L}} \tag{2-5}$$

联解式(2-4)及式(2-5),得到要求的糙率比尺以及要求的模型糙率为:

$$\lambda_n = \lambda_H^{\frac{1}{6}}\sqrt{\frac{\lambda_H}{\lambda_L}} = 60^{\frac{1}{6}}\sqrt{\frac{60}{60}} = 1.98 \tag{2-6}$$

$$n_{\mathrm{M}} = \frac{n_{\mathrm{P}}}{\lambda_n} = \frac{0.025}{1.98} = 0.0126 \tag{2-7}$$

故为保证模型水流运动的相似,应采用:

$$\lambda_V = \sqrt{60} = 7.746 \tag{2-8}$$

$$\lambda_Q = \lambda_H\lambda_L\lambda_V = 60 \times 60 \times 7.746 = 27885.6 \tag{2-9}$$

3)模型沙的选择及粒径比尺的确定

(1)传统的模型沙选择。

模型试验能否正确复演原型河道的演变特点及规律,模型沙的选择起着至关重要作用的。

在模型试验中,合理选择模型沙是一个重要的技术问题。因为泥沙模型要模拟水流和泥沙两相物质运动,所以不仅要满足水流运动相似条件,而且还应满足泥沙运动相似条件。因此了解各种模型沙的物理特性和适用条件,选择适当的模型沙,对于确保试验成果的可靠性、稳定性和提高模型试验的精度尤为重要。

所谓选择模型沙,是指综合考虑原型实际条件、研究问题的性质、已知条件、模型几何比尺等,以满足模型与原型水沙运动相似为目的,选定模型沙的材料和颗粒级配等。因此,需要分析常用模型沙的性质及其适用的场合,因为不同的模型沙有各自不同适用性。

目前,已开发的模型沙有近十种。从材料上来看,常用的模型沙可以分为有机质和无机质两大类;从质量上来看,模型沙可以分为轻质沙(颗粒重度小于 1.5t/m$^3$)和重质沙(颗粒重度大于 2.0t/m$^3$);从粒径范围上又可分,以煤屑和电木粉为最大,木屑和核桃壳难有大颗粒(最大颗粒粒径 1.5 ~ 2mm),塑料沙难有小颗粒(最小颗粒 0.1mm 左右)。从水动力学特性看,轻质沙起动流速小(如木屑、塑料沙)。此外,沙粒糙率与沙的质地、重度无关,而只与其颗粒大小和形状有关。

由于各类模型试验模拟泥沙运动的内容和方法不同,因而对模型沙特性的要求也不同。在大型的模型试验中,用来模拟天然河流中泥沙的模型沙,由于受相似条件的限制,常常采用木屑、煤屑、电木粉、塑料沙、核桃壳、煤灰、白土粉以及滑石粉等材料,运用这些模型沙虽然也成功地解决了许多基础理论及工程实践问题,但这些模型沙在一定程度上都存在一些缺陷。

①木屑。

重度较小、无黏性、水下休止角大,可大量制备,价格低廉。由于木屑起动流速小,因此相对可形成较大的床面糙率,对某些要求起动流速比尺大、糙率比尺小的变态模型较为适用,但木屑属有机材料,易腐烂变质,防腐处理工作量大,不利于重复使用,而且大颗粒形态呈针条状,与天然沙相差较大。

②煤屑。

煤是一种经济且易于加工的模型沙材料，粒径范围大，水下休止角大，能大量生产，价格不高，能用于各种模型，适应性较广。但在模型试验中为了满足泥沙运动相似而加工制成的不同粒径的煤粉存在很多缺陷。

粉煤灰中粗颗粒表面粗糙、多棱角、多孔隙、颜色多呈深灰色，由于未燃尽炭的存在，炭颗粒常以多孔颗粒的粉态存在，蓄水孔腔多，需水量大；粉煤灰中细颗粒为球状玻璃质，表面光滑致密、微孔小。粒径 $d>0.105$mm 时，大部分颗粒表面粗糙，颗粒之间呈分散状态；$0.105\text{mm}>d>0.076\text{mm}$ 的颗粒多为球状玻璃质，颗粒之间有较弱的相互吸引作用；而粒径 $d<0.076$mm 时，颗粒全为球状玻璃质，颗粒之间的吸引力随粒径的变小而明显增大。细颗粒活性较高，而且颗粒越细，活性越高。粉煤灰在潮湿的环境中极易发生化学变化，产生黏性，因而固结或板结严重。活性较强粉煤灰遇水会发生水化反应，生成水化硅酸盐、铝酸盐、铁酸盐，容易产生絮凝状及沉降后可能产生板结现象。

粉煤灰在无水自然状态下堆积成丘时，可以形成一定的倾斜面，此倾斜面与水平面的夹角称为干休止角。在静水中的休止角为水下休止角。中值粒径细的泥沙水下休止角一般较大，而干休止角则粗的泥沙稍大。这主要是在水中细颗粒泥沙间的水凝聚力大，而自然状态时粗颗粒间摩擦力大。

煤加工成煤粉作为模型沙时，其水力特性在大型河工模型试验中还有待进一步的研究。

③电木粉。

电木粉的粒径范围较大，物化性质和力学性质稳定，不变质，水下休止角大，水中易成形，但由于电木粉的重度偏大，为满足泥沙运动相似，模型沙粒径常变得较细而可能产生絮凝现象，使试验成果失真，此外电木粉容易污染环境，且价格昂贵。

④塑料沙。

塑料沙的重度小，无黏性，物理性质和力学性质稳定，可大量生产，但塑料沙为无机憎水材料，由于颗粒形状常呈球状，表面不易形成薄膜水而易滑动，致使水下休止角小，形成的床面地形稳定性较差，使得塑造模型河床困难且水下床面也易坍塌而影响试验精度，此外塑料沙的价格也非常昂贵。

⑤核桃壳。

核桃壳无黏性，粒径范围比木屑大，颗粒形态比木屑好，水下休止角大，但核桃壳易腐烂变质，重度偏大，大量生产有一定困难，故较少采用。

⑥煤灰、白土粉及滑石粉。

煤灰、白土粉、滑石粉等重质沙，虽然可大量生产，价格也不高，但由于存在重度大、颗粒细、物化性质不稳定等缺点，因而也很少采用，即使采用也仅限于某些小比尺研究累积性淤积的悬沙模型之中。

尤为重要的是，上述模型沙具有某一固定的重度范围，这样就给动床模型设计带来某些限制，为了同时模拟推移质泥沙运动及悬移质泥沙运动，模型选沙变得十分困难，有时在同一模型中还不得不采用两种不同材料的模型沙。针对目前常用模型沙的缺点，结合其他各个方面综合进行考虑，本模型试验选用原型沙。

(2)模型相似准则。

根据相似理论,模型设计主要考虑水流运动相似和泥沙运动相似。水流运动相似主要考虑弗汝德数相似和紊动阻力相似。泥沙运动相似包括悬移相似、起动相似、挟沙相似和河床变形相似等。本次试验主要依据长江江口—武汉河段泥沙实测资料进行模型相似设计。

(3)本次试验模型沙的设计。

在动床模型试验中,模型沙的选择非常关键,它关系到水流运动相似中床面糙率相似,又关系到泥沙运动相似的悬移相似和起动相似。床面糙率相似可通过合理有效的边界加糙来满足,而同时要考虑悬移相似和起动相似两因素选择模型沙,是一个比较困难的问题。

选用的沙质推移质的粒径组成如下:$d_5 = 0.10\text{mm}$、$d_{50} = 0.18\text{mm}$、$d_{95} = 0.50\text{mm}$。

该泥沙既要满足推移质运动相似,同时还要满足悬移质运动的悬浮相似。故,这种模型沙应按下列五个条件来设计选择。

$$\lambda_V = \sqrt{\lambda_H} \tag{2-10}$$

$$\lambda_V = \frac{1}{\lambda_n}\lambda_H^{\frac{1}{6}}\frac{\lambda_H}{\sqrt{\lambda_L}} \tag{2-11}$$

$$\lambda_V = \lambda_{V_0} \tag{2-12}$$

$$\lambda_\omega = \frac{\lambda_V \lambda_H}{\lambda_L} \tag{2-13}$$

$$\lambda_\omega = \lambda_{u*} = \sqrt{\frac{\lambda_V \lambda_H}{\lambda_L}} \tag{2-14}$$

本试验为清水冲刷概化模型试验,应满足起动流速相似条件。对于原型河道泥沙起动流速采用沙玉清泥沙起动流速公式:

$$U_0 = H^{0.2}\sqrt{1.1\frac{(0.7-\varepsilon)^4}{D} + 0.43D^{\frac{3}{4}}} \tag{2-15}$$

式中:$H$——水深(m);

$\varepsilon$——淤沙孔隙率,一般取值为 0.4;

$D$——粒径(mm)。

按照该式计算的不同水深时原型沙起动流速,见表 2-1。

B. H. 岗恰洛夫(1954)不动流速公式:

$$V_0 = \lg\frac{8.8H}{D_{95}}\sqrt{\frac{2(\gamma_s-\gamma)gD}{3.5\gamma}} \tag{2-16}$$

相当于泥沙将动未动的情况,适用于无黏性模型沙的起动流速。根据式(2-15)和式(2-16)计算,其成果如表 2-1 所示。

推移质起动流速及其比尺

表 2-1

| 原型 | | 模型 | | 比尺 |
|---|---|---|---|---|
| $r_s=2.65t/m^3$ $D_{50}=1.8mm$ | | $r_s=2.65t/m^3$ $D_{50}=1.5mm$ | | $\lambda_D=1.2mm$ |
| $H_P$(m) | $V_{oP}$(m/s) | $H_M$(m) | $V_{oM}$(m/s) | $\alpha_{V_0}$ |
| 7.8 | 0.619 | 0.13 | 0.104 | 5.925 |
| 9.0 | 0.637 | 0.15 | 0.106 | 5.989 |
| 10.8 | 0.660 | 0.18 | 0.109 | 6.074 |

需同时满足条件式(2-10)、式(2-11)及式(2-12),故要求的起动流速比尺为:

$$\lambda_{V_0}=\lambda_V=\sqrt{60}=7.746 \tag{2-17}$$

假定采用 $\gamma_s=2650kg/m^3$ 的原型沙作为模型沙,并假定采用:

$$\lambda_D=\frac{D_P}{D_M}=1.2 \tag{2-18}$$

根据 $\lambda_D$ 值选配模型沙,以模型沙级配曲线与原型沙级配曲线达到基本重合为准,选配结果得到下列模型沙(其级配曲线见图 2-1)。

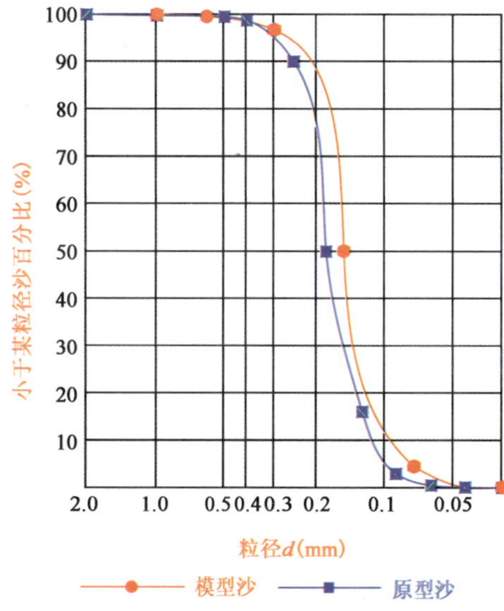


图 2-1 模型沙粒径级配图

$$(D_{50})_M=\frac{D_P}{\lambda_D}=\frac{0.18}{1.2}=0.15(mm) \tag{2-19}$$

$$(D_{95})_M=\frac{D_P}{\lambda_D}=\frac{0.5}{1.2}=0.42(mm) \tag{2-20}$$

$$(D_5)_M=\frac{D_P}{\lambda_D}=\frac{0.1}{1.2}=0.083(mm) \tag{2-21}$$

由表 2-1 可知,起动流速的比尺范围为 5.9~6.1,比水流流速比尺偏小 23% 左右,此偏差在允许的范围内,符合模型试验要求。根据模型沙的中值粒径及设计模型沙级配曲线选择合适的天然沙作为模型沙。

综合以上结果,确定的模型主要比尺见表 2-2。

模型主要比尺

表 2-2

| 比尺类型 | 比尺名称 | 符号 | 比尺 |
|---|---|---|---|
| 几何相似 | 平面比尺 | $\lambda_L$ | 60 |
| | 垂直比尺 | $\lambda_H$ | 60 |

续上表

| 比尺类型 | 比尺名称 | 符号 | 比尺 |
| --- | --- | --- | --- |
| 水流运动相似 | 流速比尺 | $\lambda_V$ | 7.746 |
| | 河床糙率比尺 | $\lambda_n$ | 1.98 |
| | 流量比尺 | $\lambda_Q$ | 27885.6 |
| 泥沙运动相似 | 起动流速比尺 | $\lambda_{V_0}$ | 6.0 |
| | 泥沙粒径比尺 | $\lambda_D$ | 1.2 |

### 2.1.2　软体排模型设计

1)软体排模拟设计依据

原型选择 X 形软体排,具体情况见表 2-3。

**模型设计时所选原型 X 形排的技术指标**　　表 2-3

| 原型护滩材料 | 类型 | 材料 | 规格 | 质量 | 密度 | 抗拉强度 | | 等效孔径 |
| --- | --- | --- | --- | --- | --- | --- | --- | --- |
| | | | | | | 纵向≥ | 横向≥ | |
| X 形排 | 编织布 | 200g 聚丙烯编织布 | 50m×15m(长×宽) | 200g/m² | | 40 kN/m | 32 kN/m | ≤0.12mm |
| | 加筋条 | 3cm 聚丙烯加筋条 | 宽 3cm | 13g/m | | 0.6 kN/根 | | |
| | 系结条 | 18g 聚丙烯系结条 | 80cm×3cm(长×宽) | 18g/m | | 0.8 kN/根 | | |
| | 压载体 | C20 混凝土块体 | 45cm×40cm×10cm(长×宽×厚) | 43.20kg | 2400kg/m³ | 注:在混凝土块内预埋两根宽 3cm、长 105cm 的聚丙烯系结条 | | |

2)比尺为 1∶60 模型护块的设计

(1)护滩材料的基本特性。

压载体在比尺为 1∶60 时的模型尺寸为:7.5mm×6.7mm×1.7mm(长×宽×厚)、质量为:0.2g、密度为:2400kg/m³。原型与模型几何尺寸对比,如图 2-2 所示。

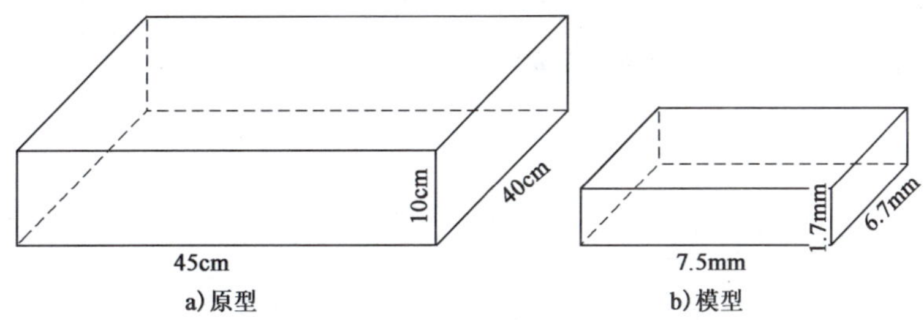


图 2-2　X 形排原型与模型几何尺寸对比图

(2)护滩材料的选择。

水槽概化模型中所选压载体应尽可能做到与原型压载体平面形态相似、质量相似,且能够随河床冲刷自由变形,因此我们把重力作为模型材料选择时的重要控制因素,在选择模型材料时主要考虑满足质量相似。

①若模型选用混凝土块,由于模型尺寸过小,使得加工非常困难,或者说符合要求的模型几乎是无法加工的,因此依据目前的技术水平模型选择混凝土块是无法实现的。

②由于环氧树脂的密度具有随机可变性,在加工过程中不好控制,还因为环氧树脂的加工精度、费用、难度都比较大,因此不是理想的模型选择材料。

③马赛克分为玻璃和陶瓷两种,密度较大,无法满足要求。

④经过分析压载体在比尺为1:60时模型材料宜选用铝片(图2-3)。由于铝的密度($2700kg/m^3$)比原型混凝土的密度($2400kg/m^3$)稍微较大,因此在保证质量相似的前提下,减小一点儿模型的厚度。经过计算分析,最后选择模型铝片的尺寸为:7.5mm×6.5mm×1.5mm(长×宽×厚),质量为:0.197g,密度为:$2700kg/m^3$,所选模型材料质量和标准模型材料质量的相对误差为1.5%,符合要求。

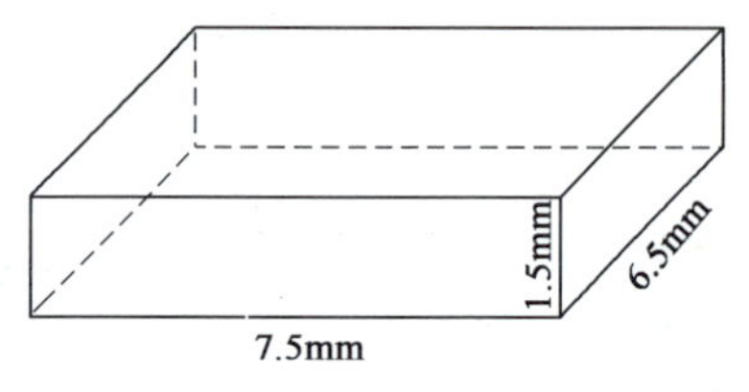


图2-3 所选模型铝片的几何尺寸

(3)护滩材料的加工。

编织布选用棉布,在比尺为1:60时,按比尺计算的模型加筋条和系结条的尺寸都较小,因此无法严格按照原型X形排的构造进行模型加工。由于技术的原因,模型加工经历了以下两次试验阶段。

第一阶段:把铝片用502胶水粘在沙网上(沙网间接起加筋条和系结条的作用),然后再缝合在棉布上。具体过程如图2-4所示。

a)

b)

图2-4 护块加工时的照片

存在的问题:由于502胶水干了之后太硬,致使模型护滩建筑物冲刷时的变形不相似,因此进行了第二阶段的改进试验。

第二阶段:用环氧树脂把铝片粘在棉线上,然后再缝合在棉布上。解决了上一阶段变形不相似的问题。具体如图2-5所示。

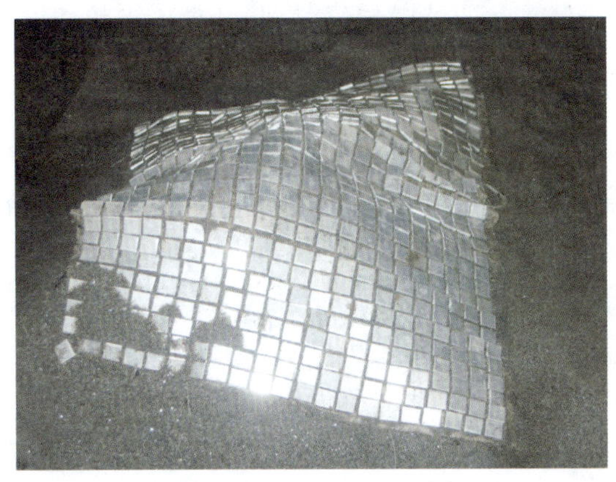

图 2-5　护块冲刷时的变形情况

考虑到模型护滩材料压载体质量的微小差距和糙率的原因,因此对模型护块进行了加糙处理,如图 2-6 所示。

a)护块加糙之前的照片

b)护块加糙之后的照片

图 2-6　护块加糙前后的对比图

(4)模型护滩的布置。

①护滩带的形状和位置:护滩带为长方形,护滩的具体位置如图 2-7 所示。

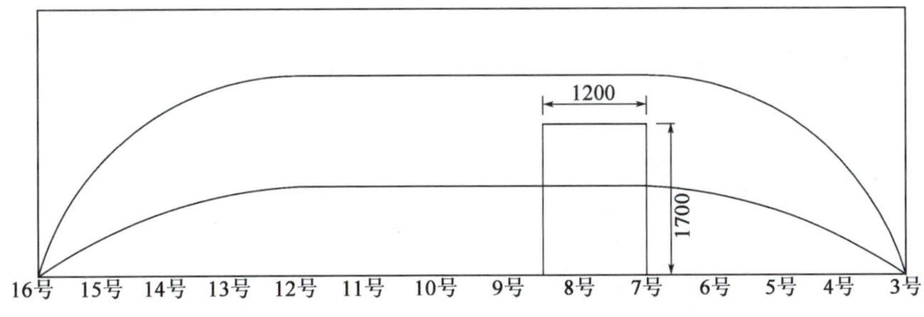


图 2-7　护滩带的具体布置位置(尺寸单位:mm)

②护滩带的平面形态:长 1.7m、宽 1.2m、面积为 2.04$m^2$。

③护滩带选择的依据:原型护滩带大部分为长方形,因此模型护滩带也设计成长方形,

尽量使模型滩面冲刷和原型滩面冲刷保持相似;通过对定床和动床资料的分析发现滩面在非完全和完全淹没时,滩面冲刷首先从7号断面开始,而且出现一条横向延伸的线。在纵向方向上把起始位置定为7号,结束位置为8号和9号断面的中部,宽1.2m;在横向方向上深槽和滩面交界的地方也是破坏较为严重的地方,因此护滩带不仅要护滩,而且要护滩槽的交界面。经过分析,守护滩面长为1m、守护滩槽交界长为0.7m,总长为1.7m。

3)比尺为1:10时模型护块的设计

(1)护滩材料的基本特性。

系结条和加筋条按比例缩小之后宽为0.3cm,编织布还是选用棉布。

压载体在比尺为1:10时的模型尺寸:4.5cm×4.0cm×1.0cm(长×宽×厚)、质量为:43.20g、密度为:2400kg/$m^3$。原型与模型几何尺寸对比,如图2-8所示。

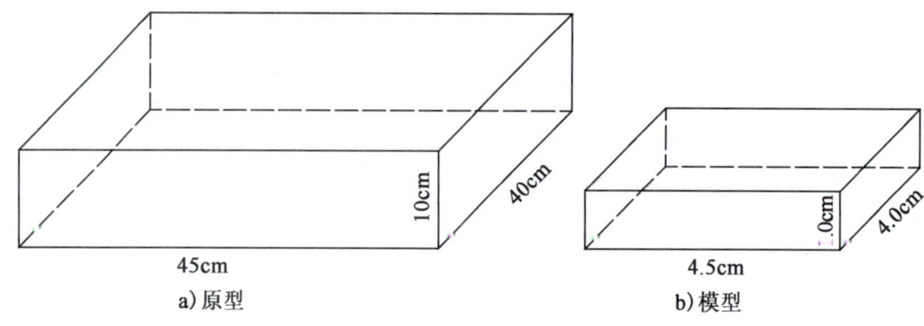


图2-8　X形排原型与模型几何尺寸对比图

(2)护滩材料的选择。

由于压载体在比尺为1:10时的模型尺寸相对较大,因此加工起来相对比较容易,所以比尺为1:10时模型压载体选用缩小之后的原型混凝土块。

(3)护滩材料的加工。

在比尺为1:10时,模型护块用按比例缩小之后的混凝土块,系结条和加筋条按比例缩小之后的尺寸为0.3cm。为了最大限度地模拟原型护滩建筑物,护块和系结条、编织布的连接方式进行了以下三个阶段的实验。

图2-9　护块加工时的照片1

第一阶段:把系结条直接绑在护块上,如图2-9所示。存在的问题如下:

①护块与护块之间的间距不容易控制,极易产生很大的误差。

②由于人为用力不均的原因,护块和系结条容易松动,甚至分离。

③和原型系结条预埋在护块里面的结构不相似,表面糙率过大。

第二阶段:把系结条用环氧树脂粘在护块里面,如图2-10所示。存在的问题如下:

①操作不方便,历时太长。

②由于环氧树脂填充护块致使质量偏差较大,不太满足质量相似。

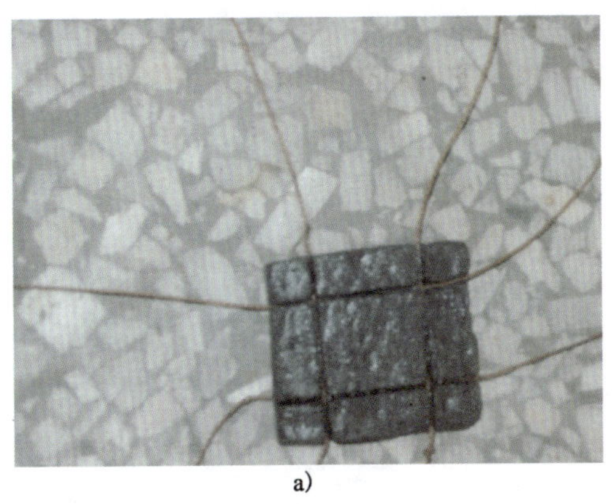
a)

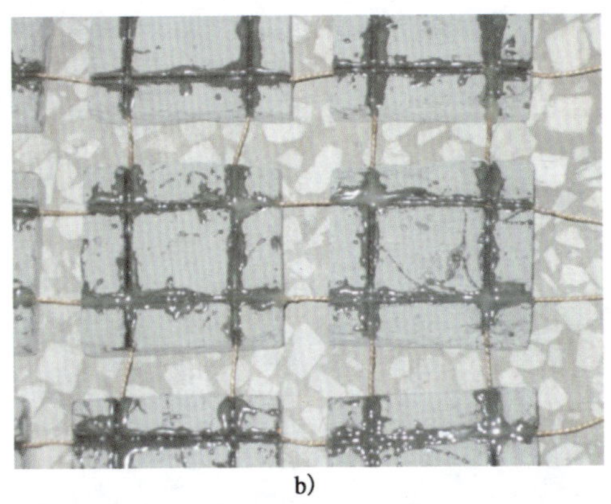
b)

图 2-10 护块加工时的照片 2

第三阶段：把系结条用 502 胶水粘在护块里面，然后用混凝土填充护块，基本解决了上面存在的问题，如图 2-11 所示。

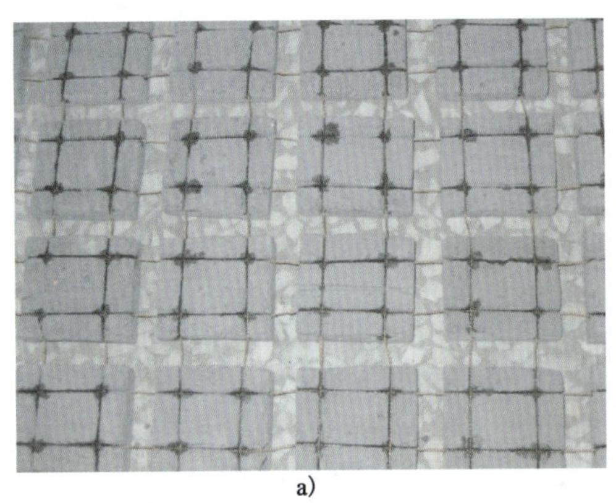
a)

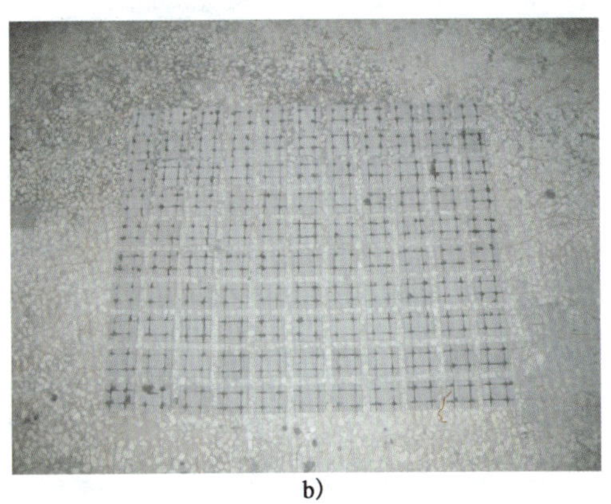
b)

图 2-11 护块加工时的照片 3

(4)模型护滩带的布置。

①护滩带的形状和位置：护滩带为长方形，位置如图 2-12 所示。

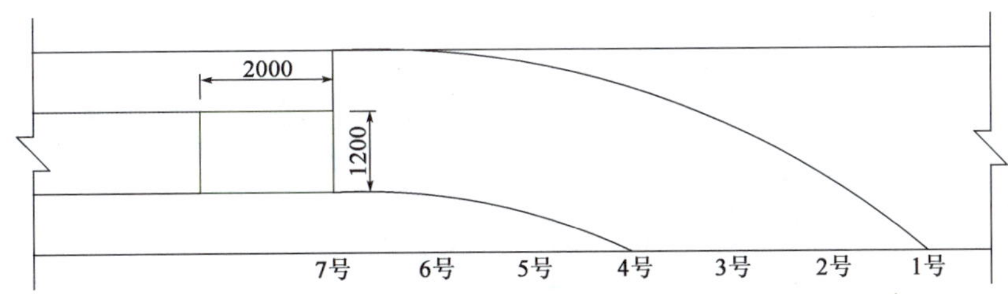


图 2-12 护滩带的具体布置位置(尺寸单位：mm)

②护滩带的平面形态：长 2.0m、宽 1.2m、面积为 2.4$m^2$。

③护滩带选择的依据：1∶10 的模型护滩带设计为长方形，使模型滩面冲刷和原型滩面冲刷尽量保持相似；依据比尺为 1∶60 模型的定床和动床资料，确定滩面最大冲深位置在 7 号断面，然后进行局部放大，得到比尺为 1∶10 时模型护滩的范围和位置。

### 2.1.3 软体排的变形及破坏模拟研究

结合长江中下游护滩工程中应用的软体排破坏形式分析,实验室内模拟护滩带破坏的具体情况,如图 2-13 ~ 图 2-21 所示。

(1)边缘塌陷型。

主要是由于水流冲刷护滩带边缘外的未护滩面,使 X 形排边缘塌陷,这种破坏非常普遍。

图 2-13 模型试验放水过程中护滩带破坏实景

(2)排中部出现鼓包的现象。

主要是由于接缝处理不牢,导致泥沙从接缝处挤入排底。

(3)排中部出现塌陷的现象。

主要是由于接缝处理不牢,导致接缝处泥沙冲失。

(4)边缘形成陡坡、边缘排体变形较大甚至悬挂。

与平面布置及河床组成有一定关系,周天航道清淤工程中存在这种变形。导致的问题有:

图 2-14 原型护滩带边缘塌陷实景

图 2-15 模型护滩带边缘塌陷实景

图 2-16 原型护滩带中部鼓包实景

图 2-17 模型护滩带中部塌陷实景

图 2-18　原型护滩带中部塌陷实景

图 2-19　模型护滩带中部塌陷实景

图 2-20　原型护滩带边缘排体悬挂实景

图 2-21　模型护滩带边缘排体悬挂实景

①混凝土排体和系结条外露,进而老化。

②系结条松开,混凝土块移动或滑落。

③排体撕裂。

由此可见,试验能较好地模拟出边缘塌陷、排中部鼓包、排中部塌陷及边缘排体悬挂等软体排护滩的主要破坏形式,并与原型对比,基本反映了原型河床与软体排的变形特征,解决了软体排护滩建筑物破坏相似性模拟技术。

## 2.2　软体排作用及破坏机理研究

### 2.2.1　系混凝土块软体排护滩作用原理

用系混凝土块软体护滩,主要是利用土工织物的保沙性、柔韧性来实现对沙质河床保护的目的。从功能上划分,软体排守护区域可分为两大部分:一是预期稳定区,该区域河床不得因冲刷而发生变形;二是预留变形区,该区域的作用主要是防止预留变形区以外的河床变形波及预期稳定区。预留变形区功能的实现,一是要求在守护外侧河床冲刷过程中,预留变形区域排体能够适应河床变形,防止床沙从预留变形区域内流失;二是防止预期稳定区域内床沙流失到预留变形区或预留变形区以外(图 2-22)。

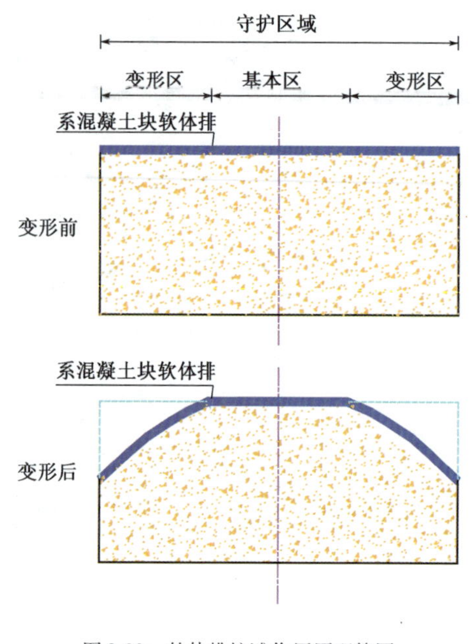


图 2-22　软体排护滩作用原理简图

### 2.2.2　影响滩体冲刷破坏的主要因素分析

影响滩体冲刷破坏的因素主要有以下几个方面:

(1)河段特性。

根据河段的特性,一般将河段分为五类,平原稳定性河段、平原次稳定性河段、平原游荡性河段、山区稳定性河段及半山区山前区变迁性河段,不同河段有不同的冲刷破坏特性。

(2)水流特性。

主要包括水深、流速和水流流态等,本次试验主要考虑水深和流速两个主要水力因素。流速大小是泥沙起动与否的决定条件,也是决定滩体破坏的主要因素。在水深一定的情况下,流量的大小直接决定了流速的大小,影响泥沙的起动,进而影响滩体破坏程度。

(3)泥沙特性。

水流的流速和挟沙能力同河床地质情况、粗糙程度、河床纵坡度有关,并影响泥沙运动和冲刷发展情况。若天然河槽在洪水时有推移质泥沙运动,则在压缩断面上发生冲刷,当泥沙补给量等于断面上被冲走的泥沙量时,泥沙运动处于进出平衡状态,冲刷便会停止。此时,该断面上的垂线平均流速称为冲止。只有明确了泥沙的冲止流速才能正确地建立冲刷深度计算公式。

(4)在冲刷时间的影响下,冲刷具有以下特点:

①随着冲刷坑的增大,冲刷率减小。

②冲刷具有某种极限。

③冲刷达到冲刷极限是渐进的。

水流条件达到泥沙起动条件的泥沙颗粒向下游移动,而较大未达到起动条件的颗粒保持静止不动。从冲刷过程来看,在初始阶段,冲刷发展最快,通过实际观察,在前两个小时,冲刷深度可达最大冲深的70%左右,而后冲刷深度逐渐趋于平稳,冲刷深度变化缓慢,当冲刷深度达到其最大冲深时,冲刷深度将不再显著变化,呈稳定趋势。

(5)有无护滩建筑物。

从已实施的护滩工程来看,有护滩建筑物守护的河段基本上取得了控制和稳定中水河槽、保滩固堤的目的。

### 2.2.3　软体排损毁过程及主要影响因素分析

1)软体排护滩损毁过程分析

软体排边缘泥沙淘刷后,形成冲刷坑,因软体排具有一定延展性而逐渐下降覆盖冲刷坑,当发生不均匀冲刷,且冲刷强度超过护滩带的变形能力时,软体排边缘出现“架空、悬挂”

现象。随着软体排边缘“架空”，水流淘刷软体排下滩面泥沙，软体排与滩面间出现空隙，水流从软体排下部穿过，直接作用于受护滩面；此外，软体排表面不同部位的流速差造成软体排底下不同位置的压力差，使得软体排底下泥沙发生运动，促使软体排出现鼓包或者塌陷现象。

2）软体排护滩损毁主要影响因素分析

影响软体排破坏的主要因素包括：水流条件、河床组成、护滩带自身结构、平面布置及施工工艺等。

水流条件包括流速大小、水流作用时段的长短、护滩带破坏部位的水深大小等。

河床组成主要与泥沙粒径有关，泥沙粒径的大小决定了河床的可动性。在河床的组成与水流条件共同作用下，使得软体排边缘局部冲刷坑形成。

软体排自身的结构主要与软体排上的混凝土块重量、系结方式、排体接缝的连接方式、编织布及系结条抗拉强度等有关。

施工工艺主要与护滩带施工质量、排体搭接宽度、软体排边缘压载情况、排体的加筋方式等有关。

这些影响因素中，流速大小是护滩带破坏的动力因素，滩面泥沙粒径与较大流速共同作用后，局部冲刷坑的形成是软体排破坏的诱发原因，编织布、系结条、接缝部位的抗拉强度不够是软体排破坏的直接原因。

3）软体排护滩受力试验

由于软体排周围的水流流态较为复杂，软体排周围的脉动压力主要受涡旋和水面的波动所影响，且脉动压力的存在可大大加强瞬时水压力而导致滩面冲刷和块体破坏，有必要进行软体排受力试验。试验在长 25m、宽 3m、高 0.6m 的矩形水槽中进行，软体排的压载混凝土块按 1∶10 缩小。滩体形态在比尺为 1∶60 的清水冲刷试验的基础上，把冲刷最严重的区域进行局部放大设计而成（图 2-23），并布置了 16 个压力传感器（图 2-24），利用记录仪器自动跟踪记录力的大小。

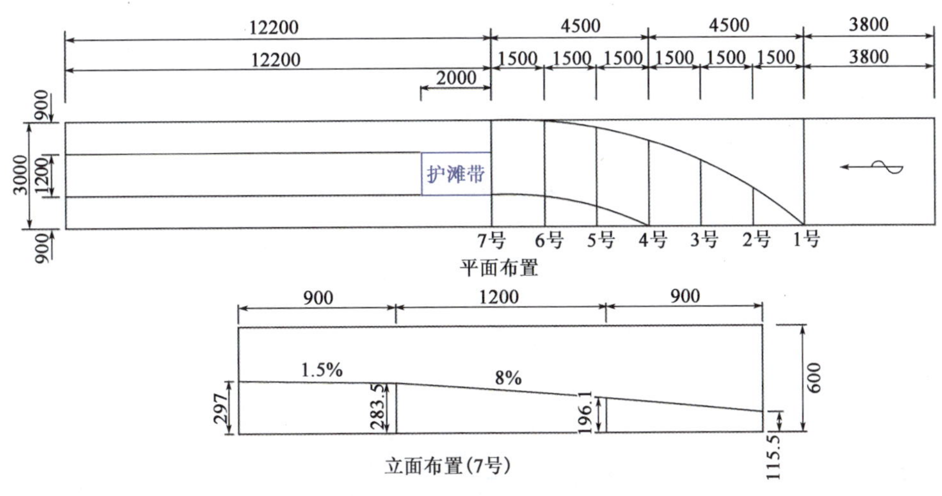


图 2-23　试验边滩及护滩带布置图（尺寸单位：mm）

软体排受力试验组次见表 2-4，主要测量传感器脉动拉力随时间、流速、水深的变化。

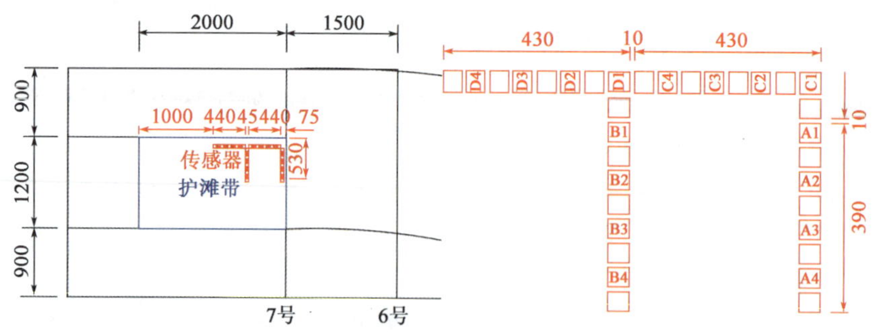


图 2-24 传感器布置图(尺寸单位:mm)

**护滩建筑物受力试验组次** 表 2-4

| 方案 | 流量(L/s) | 模型直段水深(cm) | 模型边滩水深(cm) | 模型直段流速(m/s) | 原型直段流速(m/s) |
|---|---|---|---|---|---|
| 1 | 104.0 | 30 | 0 | 0.47 | 1.5 |
| 2 | 104.0 | 34 | 4 | 0.32 | 1.0 |
| 3 | 139.0 | 33 | 3 | 0.45 | 1.4 |
| 4 | 139.0 | 34 | 4 | 0.41 | 1.3 |
| 5 | 174.0 | 34 | 4 | 0.52 | 1.6 |

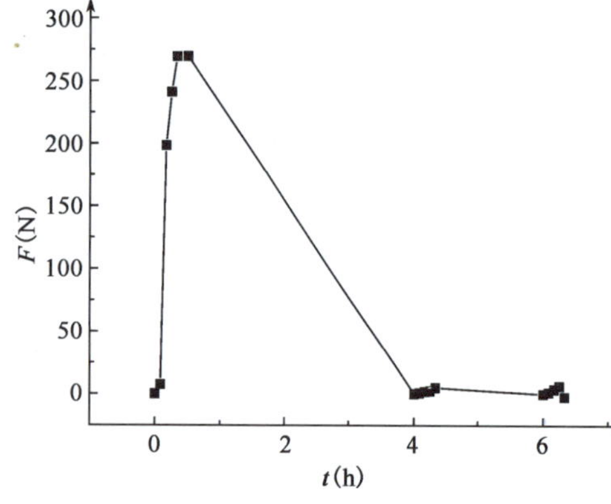


图 2-25 脉动拉力的平均值随冲刷时间的变化

软体排受力试验表明:冲刷初始阶段,块体间脉动拉力迅速增大,冲刷至某一阶段达到最大值,之后冲刷坑逐渐达到冲刷平衡,脉动拉力逐渐趋于稳定(图 2-25);流速越大或者水深越小,脉动拉力就越大(图 2-26、图 2-27)。

4)软体排损毁受力分析及机理

从软体排单个混凝土块体及软体排受力角度对损毁机理进行分析(图 2-28),混凝土块主要由块体内的系结条与缝合在排垫、加筋条之间的系结条连接而成。混凝土块在滩体上主要受有效重力 $W'$、拖曳力 $F_D$、上举力 $F_L$、动水压力 $P$、排垫阻碍块体运动的拉力 $F_1$、$F_2$、滩面对块体的摩擦力 $f_1$、$f_2$、滩体对混凝土块的支持力 $F_N$。

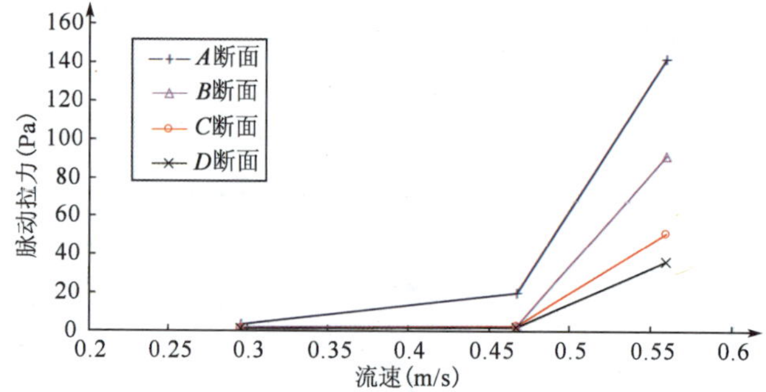


图 2-26 脉动拉力随平均流速变化关系

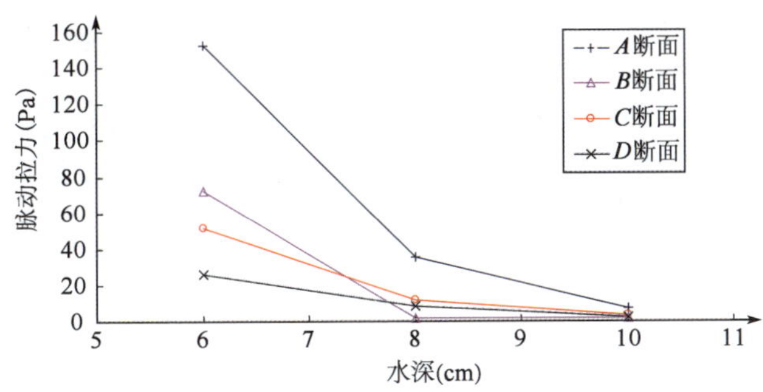


图 2-27　脉动拉力随水深变化关系

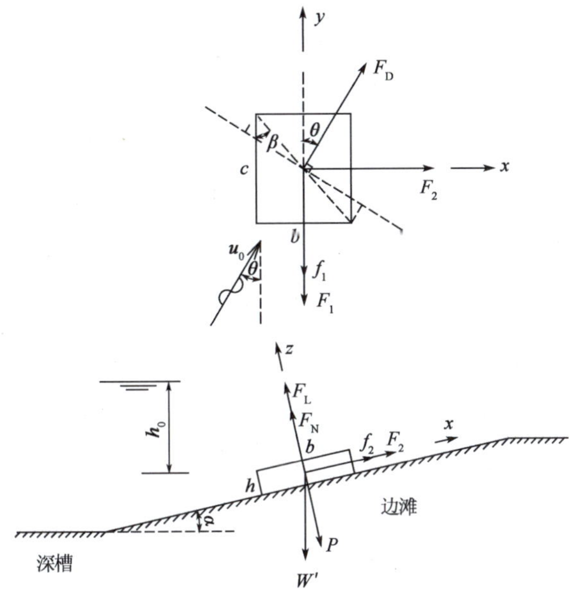


图 2-28　护滩带边缘块体受力分析示意图

$$F_2 = (\gamma_s - \gamma)bhc\sin\alpha - F_D k_1 bh\gamma\sin\theta\frac{u_0^2}{2} - f_2$$

$$F_1 = C_D k_1 bh\gamma\cos\theta\frac{u_0^2}{2} - f_1$$

$$F_N = P + (\gamma_s - \gamma)bhc\cos\alpha - F_L bc\gamma\frac{u_0^2}{2}$$

软体排块体受力主要与块体材料与尺寸、水流特性、边滩形态及组成泥沙特性等有关；就单个块体而言，软体排破坏与否主要与 $F_N$ 大小是否大于块体自身强度，$F_1$、$F_2$ 大小是否大于系结条、加筋条、排垫抗拉强度有关，因块体本身强度较大，一般不易受水流作用而破坏，块体附近软体排主要破坏为系结条、加筋条、排垫受力大于其抗拉强度而遭受破坏，使得系结条断裂、块体脱离排垫或排垫撕毁。

水流冲刷未护滩面后，软体排边缘冲刷坑形成，水流紊动加剧，护块与护块之间的脉动力迅速增加，因软体排具有一定延展性，排体下降贴合受冲滩面继续护滩，当坡度较陡时

（α 值较大），系结条可能出现紧绷或撕断，块体移动或脱落，护滩效果减弱。

随着冲刷坑的发展，边缘排垫出现“悬挂、架空”等变形（图 2-29、图 2-30），原受护滩面受水流淘刷，当冲刷坑发展到一定阶段，变形的软体排受力（有效重力及动水压力之和）达到一定值或排体脉动压力瞬时增大，软体排变形一侧或两侧的排垫受力大于其抗拉强度，排垫撕裂，系结条断裂、块体脱落，软体排破坏，撕裂处滩面失去保护，直接受水流冲刷，冲刷坑向软体排内部发展。

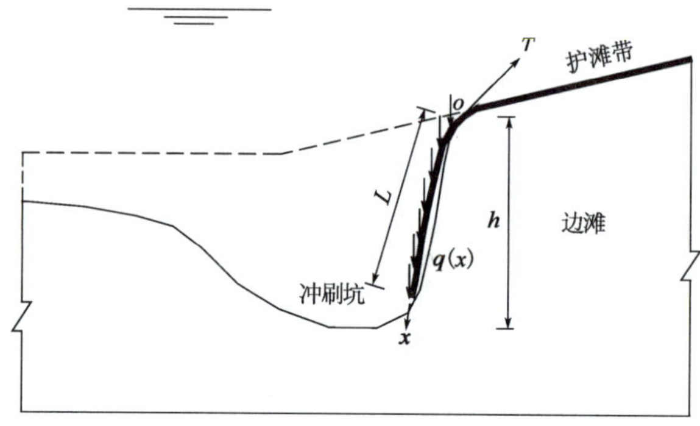


图 2-29　滩脚处护滩带边缘“悬挂”受力示意图

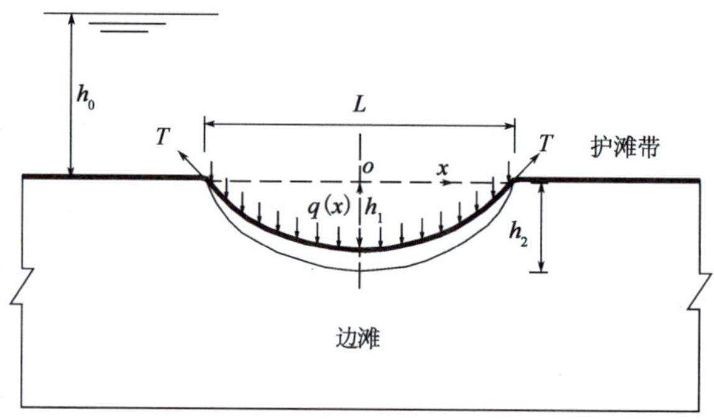


图 2-30　护滩带边缘“架空”受力示意图

对于软体排内部出现塌陷破坏，也可按照软体排边缘“架空”的受力进行分析，破坏机理类似，不同之处是边缘“架空”时排垫受滩体的三面支撑，而软体排内部塌陷时，排垫四面均受滩体支撑。

### 2.2.4　用于丁坝护底的软体排（余排）边缘冲刷破坏机理

为研究余排较小时整治建筑物结构破坏的机理，在动床水槽试验中模拟了冲刷坑发展及坝体破坏过程。考虑到抛石坝体的水毁及软体排的变形破坏大都发生大流速期，本试验模拟了水深 10m，坝头前沿流速分别为 2.5m/s、3.0m/s 条件下余排及抛石坝体变形破坏的过程。

图 2-31 给出了余排宽度仅 9m、流速 2.5m/s 时的坝轴线断面河床冲刷变形过程，可以看出，清水冲刷初期，受绕堤流影响，坝头前沿冲刷坑快速发展，柔性余排的排边逐渐下垂覆盖在形成的冲刷坑斜坡上，以避免坝头前沿床面的进一步冲刷，因冲坑的吸流作用，坝头单宽流量加大，至清水冲刷 36min 时（模型值，对应原型约 15d），坝头前沿冲刷坑深度已达到

16.8cm(模型值,对应原型约 10m)。此时,坝头前沿余排已完全下垂至冲刷斜坡上,坝头稳定性已处于临界状态,由于排体宽度较冲刷坑深度小得多,无法覆盖最大冲坑,随着冲刷坑的继续发展,坝体已无法维持其稳定,坝脚部位抛石体逐渐滚落,至冲刷时间 44min 时(对应原型约 19d),坝头前沿冲刷坑范围除了垂向深度进一步加大外,横向上淘刷坝体内部范围加宽,随着冲刷的继续发展,坡面抛石体坍塌填补冲刷坑,冲刷坑回淤(淤积的是抛石),单宽流量分布逐渐左偏,坝头对岸床面刷深,坝头附近冲刷坑的发展得到抑制,坝头向河坡坡度调整至稳定状态。

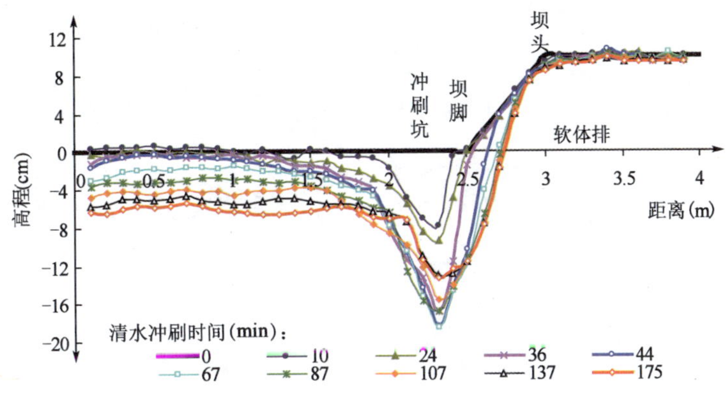


图 2-31　坝轴线断面冲刷坑发展过程(模型,余排宽度 9m)

图 2-31 为余排宽度 21m、流速 3.0m/s 时丁坝轴线断面软体排变形及排边冲刷坑的发展过程,护底软体排守护滩面后,排边未护滩面受大流速及建筑物附近不利流态的水体作用而冲刷下切,柔性软体排排边随冲刷坑的发展而逐渐塌陷,冲刷坑也逐渐向排内发展,当排边冲刷坑发展到一定程度,且冲刷下切深度超过软体排的变形能力时,此时软体排不能覆盖至冲刷坑底部,因软体排压载体本身为刚性构件,使得软体排排边部分出现"悬挂"现象(图 2-32)。此时,若冲刷坑继续发展,由于冲刷坑靠排体一侧底部无软体排的保护,冲刷坑将在进一步下切的同时,向排体内侧发展,从而导致坝体基础遭受破坏,抛石坝体垮塌。

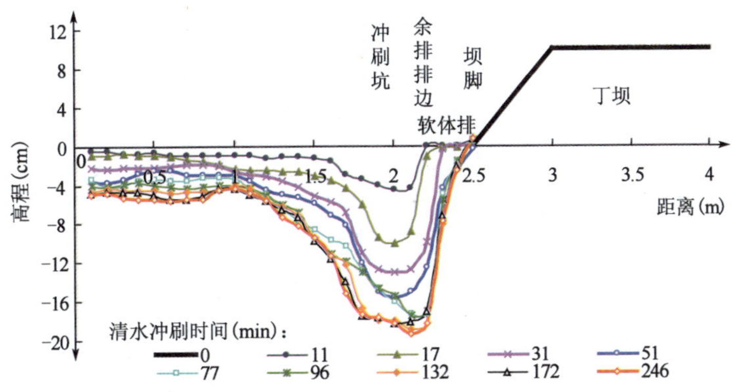


图 2-32　软体排随排边冲刷坑发展的变形过程(模型,余排宽度 21m)

护底软体排排边塌陷、悬挂变形,如图 2-33 所示。

a) b) c) d)

图 2-33 护底软体排排边塌陷、悬挂变形

## 2.3 软体排平面布置

目前,软体排主要用于护滩、丁坝护底及护岸的护底当中,其中护滩的面积较大,不可能全部守护。

### 2.3.1 护滩工程

结合模型试验结果和多年来软体排护滩实际工程应用中取得的经验,软体排护滩的平面布置主要有条状间断守护型,平顺护岸型,集中守护与间断守护结合型,封堵窜沟、集中守护与间断守护结合型,整体守护型五种,各类型的适用范围如下。

1)条状间断守护型

以切割和平面冲刷为主的边滩,在工程实施以后护滩带周边可能会发生冲刷下沉,而守护的范围内仍维持原有的高程,从而使护滩带充当坝体的作用。因此,软体排护滩的布置参照丁坝间距进行布置成条状间断守护型,主要适用于控制主流横向摆动,且滩体变形以侧蚀为主的边滩守护的河段(图 2-34)。

2)平顺护岸型

以边缘剥蚀为主的边滩平面布置采用平顺护岸的形式。

3)集中守护与间断守护结合型

在受到水流的集中冲刷且冲刷力度较其他地方要大的部位,应采取集中守护的方式;而对于滩体其他部位以滩体边缘剥蚀为主,则采取间断守护的方式。因此,对于这种滩体的守护,考虑集中守护与间断守护相结合的方式进行(图 2-35)。

图 2-34　长江中游碾子湾水道条状间断守护型护滩实景

图 2-35　长江下游东流水道集中守护型护滩实景

4)封堵窜沟、集中守护与间断守护结合型

以下切水流,横向水流深蚀后退为主,伴有滩面冲刷的滩形,宜采用封堵窜沟、集中守护与间断守护相结合的形式。

5)整体守护型

对于处于强烈的漫滩水流和纵向水流共同作用下的强冲刷状态下的较大滩体,单纯采用条状间断守护型,或者是间断守护与集中守护结合型都不足以起到保护滩体的作用。因此,需要采用加大守护范围和守护力度的整体守护方式(图 2-36)。

图 2-36　长江中游燕子窝护滩实景(整体守护型)

## 2.3.2　丁坝护底余排

由于丁坝护底范围面积较护滩小,一般都采用整体守护。因此,丁坝护底余排的平面布置主要考虑余排的宽度。

1)确定原则

(1)保证主体建筑物整体稳定。软体排铺设后促使冲刷坑远离主体建筑物坡脚,保证建筑物基础不受到破坏,并在允许排边缘冲刷坑极限发展和排体边缘下沉的条件下,满足主体建筑物整体稳定。

(2)以可能发生的局部冲刷坑深度作为设计依据。余排设计中要充分考虑冲刷坑深度和范围随余排宽度的变化关系,保证余排边缘能够达到冲刷坑底部,防止冲刷坑向排体内侧发展。

(3)特殊工程部位可参考经验取值。

①河势不稳、深泓摆动频繁的河段,余排宽度应留有较大的富余度,同时在有条件的情况下应分析历年来工程部位河床立面变化特点,分析冲刷坑可能的最不利发展方向,若冲刷

坑以平面横向变化为主,河槽向宽浅发展,则余排设计时应重点考虑稳定冲刷坑位置,余排宽度以余排边缘过深泓线或参照历史最大的深泓可能冲刷深度校核余排宽度;若冲刷坑深度与位置变化幅度均较大,则余排设计时应考虑最不利的冲刷坑深度情况,根据地质条件和工程经验,采用最大可能冲刷深度校核余排宽度;对河势或深泓摆动频繁有可能发展成为主流顶冲势态的部位,余排宽度可在正常计算值的基础上适当加宽,并考虑视工程实施初期河床演变发展情况补排加宽护底的可能。

②当工程临近深泓区域时,余排范围应覆盖至深泓;对于深泓有靠近趋势的工程区域,可结合地质勘察资料分析可能产生的最大冲刷深度。若没有历年河床变化的资料,可结合地质勘察资料分析可能产生的最大冲刷深度,以该值作为余排计算的冲刷坑深度 $h_s$。据类似工程经验,整治建筑物两侧(特别是坝头区)实际冲刷深度基本上与表层可冲刷土层厚度相当,因此在确定堤头、坝头等严重冲刷部位余排设计宽度时,需按可能的最大冲刷深度校核余排宽度。

③特殊平面工程部位如水流顶冲段、平面布置突变段,这些工程部位的水流流态复杂,流速、流向多变,根据整治工程经验看,水流顶冲段和局部突变部位往往会出现较大幅度的局部冲刷,对工程的整体稳定不利,应适当增加这些部位余排富余宽度。同时对于突变段,应形成平顺过渡的衔接段,以避免排体局部宽度突变引起周围流态紊乱造成冲刷加剧。

(4)预留富余宽度。考虑到设计条件之外的河床局部冲刷或其他不可预见的因素,以便在检测过程中发现问题,并能够及时采取措施进行补救,需要在设计中考虑一定的富余。

(5)工程平面布置突变部位要保持余排平顺衔接,无突变和转折。

(6)对来水来沙条件趋势性变化明显的河段,要结合河床演变趋势预测成果,考虑工程河段可能发生的整体性变化趋势,适当考虑不利影响。

2)确定方法

(1)计算建筑物堤脚外边坡临界坡度(图2-37)。

对主体建筑物进行整体稳定计算,确定整体稳定临界边坡。采用圆弧稳定方法分别计算不同边坡情况下主体建筑物抗滑稳定系数的系列值,按照抗滑稳定系数取1.2确定对应的建筑物堤脚外边坡临界坡度。

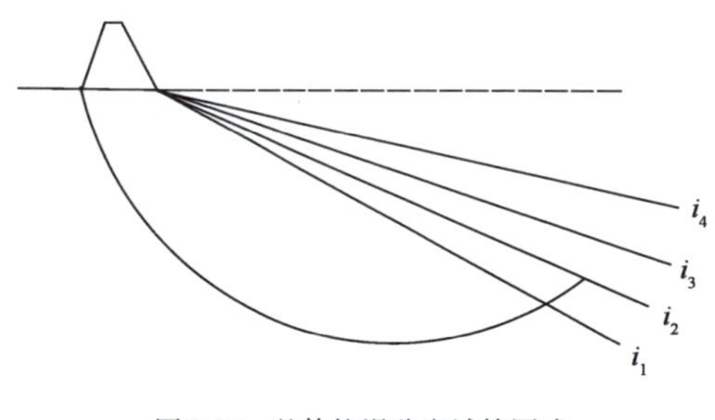

图2-37　整体抗滑稳定计算图式

当 $i_{cv} < m$ 时,表明整治建筑物能够承受较大的堤脚外边坡,此时已经超过了河床底质泥沙的稳定坡度 $m$,故此时取临界边坡为 $i_0 = m$;

当 $i_{cv} > m$ 时,表明整治建筑物能够承受堤脚外边坡较小,其值小于河床底质泥沙的稳定坡度 $m$,故此时取临界边坡为 $i_0 = i_{cv}$。

按上述方法计算通州沙、白茆沙工程不同部位(包括丁坝坝头和潜导堤堤身)、不同边坡条件下抗滑稳定系数的变化特点,可见计算边坡越大,抗滑稳定性系数逐步减小,图2-38点绘了整体抗滑稳定性系数随计算边坡的变化关系。当整体抗滑稳定系数取值为1.2时,工程局部典型区段的计算临界稳定边坡取值在2.5~1.8。

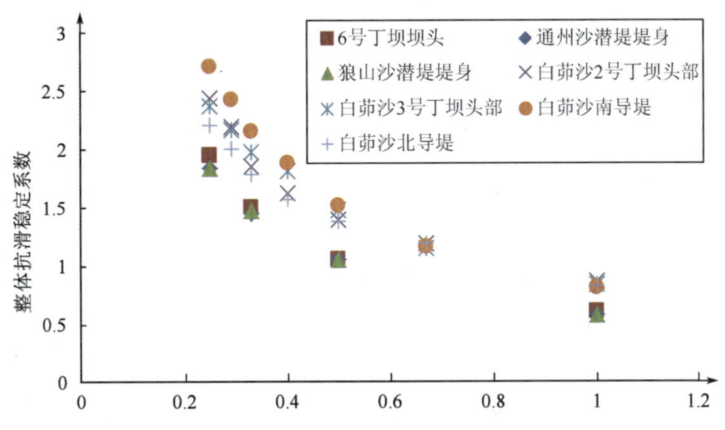


图 2-38　整体抗滑稳定系数与冲刷坑之坝边缘坡比变化关系图

工程区表层地质以粉细砂为主(局部为淤泥质黏土)。根据长江口深水航道工程现场资料,粉细砂地基的已建导堤发生的冲刷边坡一般为 1∶2～1∶4。上述值是水流作用下滩面稳定极限坡度,作为设计坡度尚应留有适当富余,计算护底下的稳定边坡取 1∶4～1∶5。

(2)计算临界冲刷坑深度及余排宽度。

护底余排宽度计算依赖于一般导堤或丁坝的经验公式,经验公式中冲刷坑深度是计算余排宽度的重要参考因素。对于冲刷坑深度一般根据《航道整治工程技术规范》和其他相关公式对工程区域沿堤流、越堤流、堤头坝头局部冲刷进行计算。在以往工程实践中,余排宽度设计主要根据冲刷坑深度的大小,考虑较为合理的稳定边坡,要求余排能够覆盖至坡脚,从而保证冲刷坑不向排体内侧发展。按照余排的功能和作用,余排宽度可通过如下经验计算公式确定:

$$L = hs_0\sqrt{1 + i_0^2} + \Delta B_1 + \Delta B_2$$

式中:$L$——余排宽度(m);

$h$——冲刷坑深度(m);

$s_0$——余排厚度(m);

$i_0$——冲刷坑稳定边坡系数;

$\Delta B_1$——余排在冲刷沟底水平段长度(m),可取 10～15m;

$\Delta B_2$——余排在堤脚部位水平段长度(m),可取 5～10m。

由于上式仅考虑了冲刷坑的深度,而没有反映余排存在对冲刷坑深度的消减效果,更没有考虑冲刷坑的位置,因此上述计算方法存在一定的优化空间。

根据前文水槽试验研究成果,由于有护底余排的存在,冲刷坑与堤坝的相对位置、冲刷坑附近水流条件及冲刷坑范围和深度均发生了不同程度的变化,主要体现为冲刷坑深度减小和远离主体建筑物,因此在计算冲刷坑时需要同时考虑余排宽度的影响,在有余排作用情况下,可按本项研究成果进行有余排情况下冲刷坑深度的计算。

$$\frac{h_s}{h} = 54.27\left(\frac{h}{p}\right)^{0.1}\left(\frac{U - U_c}{\sqrt{gh}}\right)^{2.21}\left(1 + \frac{B}{p}\right)^{-0.45} \quad \text{(坝头前沿绕堤流影响)}$$

$$h_s = 0.36p\left(\frac{h}{d}\right)^{\frac{1}{3}}\left(\frac{\Delta h}{h}\right)^{0.42}\left(1 + \frac{B}{p}\right)^{-0.63} \quad \text{(潜堤越堤流影响)}$$

式中：$h_s$——最大冲刷坑深度(m)；

$h$——坝头前沿水深(m)；

$p$——坝体高度(m)；

$U$——坝头前沿垂线平均流速(m/s)；

$U_c$——泥沙起动流速(m/s)；

$B$——铺排宽度(m)。

上式反映了冲刷坑深度随余排宽度的变化关系，可近似认为是冲刷坑深度和冲刷坑位置的对应关系。在给定余排宽度条件下，对应的冲刷坑深度和位置见图2-39，且各变量存在如下关系：

$$L_{s_n} = B_n - h_{s_n} \cdot \frac{\sqrt{1+m^2}}{m} + h_{s_n} \cdot m \quad i = \frac{h_{s_n}}{L_{s_n}}$$

由上式可知，当余排宽度较大时，冲刷坑至建筑物坡脚的相对坡度较小，坡脚水平段长度仍较大，富余量较大；当余排宽度较小时，冲刷坑至建筑物坡脚的相对坡度较大，余排贴附在冲刷坑的边坡上，若余排排边不能达到坡脚附近，则冲刷坑有继续向排体内侧发展的可能，将影响建筑物基础稳定。按照前述整治原则第2.3.2 1)(4)条，考虑到设计条件之外的河床局部冲刷或其他不可预见的因素，以便在检测过程中发现问题，并能够及时采取措施进行补救，需要在设计中考虑一定的富余，本文建议考虑余排在堤脚部位的预留水平长度$\Delta B_1$取10～15m，则：

$$L_{s_n} = Lv_{s_n} + \Delta B_1$$

$$i = \frac{h_{s_n}}{L_{s_n}}$$

按照整治建筑物整体稳定性的要求，软体排铺设后应该使冲刷坑远离主体建筑物坡脚，保证建筑物基础不受到破坏，因此在允许排边缘冲刷坑极限发展和排体边缘下沉的条件下，因冲刷坑发展而使得余排刚好全部下沉贴覆在冲刷坑边坡上时，是满足主体建筑物整体稳定的临界条件，故而要求$i \leq i_0$。

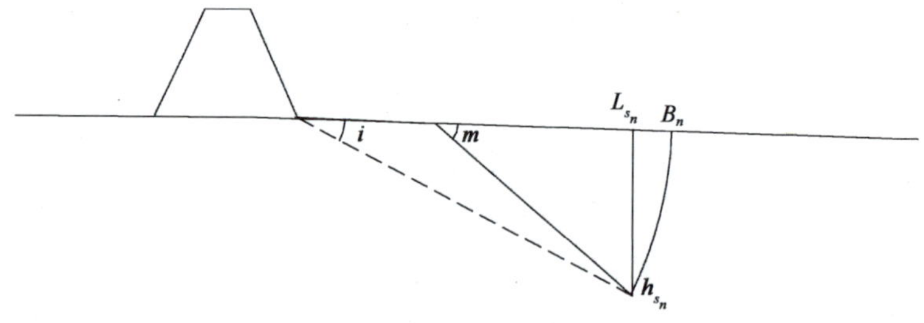


图2-39 合理余排宽度计算图示

采用试算法，逐步增大给定余排宽度，当时，可确定此时计算得到的即为临界余排宽度。此时，当给定余排宽度进一步增加时，余排除一部分随冲刷坑的发展而逐步贴覆在冲刷坑形成的边坡上外，靠近堤身侧未受冲刷下切影响的排体宽度将增大，成为富余量。根据以往工程实践，余排宽度设计一般考虑余排能够覆盖至坡脚，从而保证冲刷坑不向排体内侧发展，因此在上述计算确定的临界余排宽度基础上，考虑余排在冲刷坑的水平段长度富余值 $\Delta B_2$ 取 5 ~ 10m。

(3)特殊工况条件下余排宽度核算。

①对于河床演变剧烈的河段，若工程区冲刷深泓以平面横向变化为主，河槽向宽浅发展，则余排设计时应重点考虑稳定冲刷坑位置，余排宽度以余排边缘过深泓线或参照历史最大的深泓可能冲刷深度校核余排宽度；若深泓平面与纵剖面变化幅度均较大，则余排设计时应考虑最不利的冲刷坑深度情况，根据地质条件和工程经验，采用最大可能冲刷深度校核余排宽度。

②特殊平面布置工程部位如水流顶冲段、平面布置突变段以及坝体高度大于 5m 等水流流态复杂情况下，应适当增加这些部位余排富余宽度，可考虑在计算得到的余排宽度基础上取 1.2 ~ 1.5 的安全系数。

(4)建筑物整体抗滑稳定验算。

确定了余排宽度和对应的冲刷坑深度后，根据《水运工程土工合成材料应用技术规范》(JTJ 239—2005)的有关要求，对软体排抗滑稳定性和主体建筑物整体抗滑稳定性进行验算，满足要求则可确定为余排宽度的设计值。

### 2.3.3　护岸护底余排

由于护岸护底一般都采用整体守护，因此，护岸护底余排的平面布置主要考虑余排的宽度。

1)护底余排长度影响因素分析

通过前文的分析总结以及试验的成果表明：护岸软体排的宽度主要与水道的水沙特性、冲刷坑深度、水下稳定边坡及河演趋势等有密切的关系。

(1)与水沙特性的关系。

通常，护岸软体排的宽度因不同部位水沙条件的差异而存在一定的差别。例如，当护岸的部位位于主汊航道边缘，为水流顶冲部位，则护底的宽度应在理论计算的基础上进行适当的增加(如加宽至深泓)，以使其在长期的水流顶冲下保持稳定；而如果护岸的部位位于支汊内，则护底软体排的宽度可在理论计算的基础上根据地形的情况进行适当的减小(如守护至坡度不陡于 1∶5 的河床处)。

另外，三峡蓄水运用后，长江中下游的水沙特性发生了很大的变化，很多凸岸边滩出现冲刷和切割，水道内局部部位的水沙特性发生逆转；同时，蓄水后，中水持续时间加长，护岸不同部位受水流顶冲的时间出现很大的变化，导致原有护岸工程出现冲刷，部分护底边缘排体出现变形甚至破坏，应及时进行加固处理。

(2)与冲刷坑深度的关系。

护岸软体排宽度为近岸补坡形成稳定边坡的护底宽度与护底余排宽度之和。

从理论计算的角度出发，护底排余排的宽度主要是通过冲刷坑的深度来确定的，对沙质河床而言，沙体的水下稳定边坡一般为 1∶2.5，护底余排的宽度不能小于沙体水下稳定边坡与最大冲刷坑深度之积。比如，计算的理论最大冲刷坑深度为 20m，则护底的余排宽度应不小于 50m。以上关系表明，在近岸补坡形成稳定边坡的护底宽度一定的条件下，护岸软体排的宽度与冲刷坑深度成正比。

(3)与水下稳定边坡的关系。

理论计算表明:岸坡的水下稳定边坡主要与岸坡的地质条件有关,如果地质条件较好,则近岸补坡形成稳定边坡的水下坡比一般控制在1:2.5,一般不大于1:2;如果地质条件较差,则近岸补坡形成稳定边坡的水下坡比应适当减小,一般不大于1:3,部分岸坡需对不利地质土层进行加固或挖除处理。因此,护岸软体排的宽度与水下稳定边坡成反比。

(4)与河演趋势的关系。

通过工程前后的河床演变及趋势预测分析,能够为工程区域护岸软体排的确定提供定性的指导,如果工程实施后护岸工程区为淤积的态势,则护岸软体排的长度可适当进行减小;反之,则应进行增加。

但是,从三峡蓄水运用后的情况看,清水下泄的影响给演变趋势的预测增加了很大的难度,因此,在进行护岸软体排的宽度设计时应按照保守的方法进行。

2)护底余排长度的确定方法

根据前述分析及研究,可通过三种方法进行护岸软体排护底余排宽度的确定,现考虑在3m/s相同的水流流速条件下,可得出不同计算方法下护岸护底余排宽度,见表2-5。从表中可以看出,三种方法关于冲刷坑的深度比较接近,其中已建航道护岸工程统计值略有偏小,分析认为,冲刷坑深度还应考虑演变趋势及持续冲刷等因素的影响。

不同计算方法下护岸护底余排宽度统计表　　表2-5

| 方　法 | 冲刷坑深度(m) | 冲刷坑边坡 | 护底余排宽度(m) |
|---|---|---|---|
| 水利部门确定方法 | 17.76 | 2.0 | 35.52 |
| 已建航道护岸工程统计值 | 16.00 | 2.0 | 32.00 |
| 水槽试验 | 14.00 | 2.0 | 28.00 |

综上所述,可以看出护岸软体排护底宽度确定的复杂性,护底宽度往往需综合确定,根据前述分析,针对长江中游沙质河床来说,护岸软体排护底宽度的确定方法主要如下:

(1)护岸软体排护底宽度为枯水平台至坡脚段岸坡长度与坡脚外侧的护底余排宽度之和。

(2)护底余排宽度主要与最大冲刷坑深度、水下稳定边坡有关。

(3)护底排前沿最大冲刷坑深度的确定。考虑到长江中下游护岸段坡脚河床组成大多是粉细沙,粒径组成差别不太大,因而认为软体排边缘冲刷坑深度主要与水流流速密切相关;同时,还应根据河道演变趋势进一步确定水流流速的增加值,以确定两者综合起来的最大河床冲深值。

(4)从已建护岸工程中水下软体排的观测成果可以发现,排体覆盖下的沙体水下稳定边坡有所增大,如达到1:1.5,甚至有枯水期出露的软体排呈悬挂现象,但考虑到覆盖沙体的抗冲性,水下边坡的取值不应大于1:2.0。

根据上述方法,护岸水下软体护底排宽度为采用下式计算:

$$L = L_0 + \Delta L$$

式中:$L_0$——枯水平台至坡脚段岸坡长度(m);

$\Delta L$——坡脚外侧的护底余排长度,$\Delta L = a \times h_s$,其中$a$为护底稳定边坡系数,取2.0~2.5;

$h_s$——原河床床面起算的冲刷坑最大深度(m)。

## 2.4　结构设计

### 2.4.1　软体排的结构形式

长江干线航道水沙条件十分复杂,不同部位的水沙特性各不相同,针对各种水沙特性,提出了 D 形排、X 形排、SX 形排、单元排、铰链排、连锁块排、砂肋软体排等多种软体排的结构形式,各种排体的性能及适应范围见表 2-6。

**各种软体排一览表**　　表 2-6

| 构　件 | 性　能 | 适 应 范 围 |
|---|---|---|
| D 形排 | 整体性好、适应河床变形能力强,保沙性好;边缘变形过大时,易破坏,抗老化能力稍弱 | 施工水位以下,并在设计低水位和施工水位之间需抛防老化石 |
| X 形排 | 整体性好、适应河床变形能力强,保沙性好;边缘变形过大时,易破坏,抗老化能力稍弱 | 施工水位以上,地形相对较缓处,需对滩面进行平整,排边缘一般都需进行预埋或加糙促淤处理 |
| SX 形排 | 在 X 形排基础上的改进。整体性、耐久性和抗老化性能均较 X 形排好 | 施工水位以上,地形相对较缓处,需对滩面进行平整,对流速较大处排边缘需进行预埋或加糙促淤处理 |
| 单元排 | 整体性较好、适应河床变形能力一般,保沙性好 | 施工水位以上,一般为现浇。需对滩面进行平整,施工效率相对较低 |
| 铰链排 | 整体性较好、适应河床变形能力较好,保沙性差 | 连接扣件易锈蚀 |
| 连锁块排 | 适应地形变化能力较强,稳定性和抗冲刷性能较好 | 主要用于风浪和水流冲刷较强的水下河床防护。对于较陡岸坡区域沉排困难。对风浪、水流控制要求较高 |
| 砂肋软体排 | 适应地形变化能力强,稳定性好,但耐久性相对较差 | 砂肋袋布破损会使充砂流失,难以补充充砂 |

### 2.4.2　软体排的结构优化措施

研究及现场试验表明,一般情况下,破坏由软体排边缘开始,然后向护滩区域内部扩展。因此为了保证软体排结构的稳定,可改善自身结构和改进软体排护滩边缘的设计,以达到防止其破坏的目的。

1)软体排本身结构优化设计

(1)排垫的改进。

将原 200g/m$^2$ 的聚丙烯编织布改为 250g/m$^2$ 的聚丙烯编织布,以提高排垫的抗拉强度。

(2)改进铺设方式。

对于冲刷幅度较大的河段,若仅通过提高排体抗拉强度来适应河床变形,一方面成本大幅增加,另一方面排垫太重也不利于施工。综合各方面因素考虑,拟在适当提高排垫自身强度的同时,改进排体铺设方式:摒弃以往缝接的方式,改为搭接的方式。搭接的目的是增加排体的自由度,当排体边缘发生较大冲刷变形时,避免排体出现大范围的“架空”现象,降低对排体自身抗拉强度的要求，同时也使排体能够较好地适应河床变形。

2）软体排结构优化

已建工程及室内试验表明，一般情况下，破坏由护滩带边缘开始，然后向护滩区域内部扩展。现场试验希望通过改进护滩带的边缘设计，达到防止其破坏的目的。主要措施分为三大类。

第一类：护滩带的基本功能区仍采用X形排，而边缘预留变形区采用具有一定保沙功能，但较X形排能更好地适应河床变形的结构。试验依托东流水道航道整治工程进行，试验中边缘预留变形区采用了两种结构，一种是四面六边透水框架群，主要是利用四面六边透水框架群具有的消能、减速、适应河床变形的功能；另一种是采用铰链排，铰链排下部不铺设土工布，其保沙性要弱于X形排，利用铰链排在未护滩面与X形排之间形成一个保沙性适中的边渡段。

第二类：通过提高X形排本身的强度及接缝强度，防止由于边缘外侧河床冲刷后X形排撕裂，在边缘变形后，X形排随河床的变形而塌落或悬挂，但由于其强度较大，自身变形后不会破坏，形成X形排护坡的形式。该方案在东流水道、瓦口子水道航道整治工程中进行了试验。

第三类：护滩带边缘采取“预埋+块石”方式处理，在X形排垫边缘一定范围内，不系混凝土块，将排垫预先埋入滩面以下，然后上压块石。该方案的思路是，通过将排垫预埋，可提前一定程度上适应变形，减小护滩带边缘受水流冲刷后的变形幅度，而其上部的压石，在边缘变形后，可顺坡下滑，形成变形后块石护破的形式。该方案在嘉鱼—燕子窝河段航道整治工程中进行了试验。

（1）采用四面六边透水框架、铰链排设立预留变形区现场试验。

试验部位位于老虎滩中部的7号、8号、9号、10号护滩带头部区域，这四道护滩带轴线均垂直于水流，自然条件下，7号、8号护滩带头部的冲刷幅度大于9号、10号护滩带头部，试验中，7号、8号护滩带头部采用抛投20m宽的四面六边透水框架群构建预留变形区，9号、10号护滩带头部采用铰链排设立20m宽的预留变形区。

经过两个水文年，试验成果表明，四面六边透水框架群在保护护滩（底）排边缘，调整局部流态、降低流速，防止排体边缘的局部冲刷坑继续发展造成排体破坏等方面，取得了较好的效果（图2-40）。近年来，为了解决护滩带边缘冲刷变陡、局部破坏现象，在周天等航道整治工程中也采用了四面六边透水框架群对软体排边缘进行处理。

而采用铰链排设立的预留变形区，经过两个水文年后破损严重（图2-41），由于水流铰链排下部河床淘刷不是均匀的，而铰链排刚性较大，难以适应河床的不均匀变形，导致铰链排断裂，冲刷向基本功能区X形排发展。

通过以上对比试验，可以认为：四面六边透水框架群是一种较好的护滩带边缘处理方式，设计中可采用，但应根据预测的冲刷深度来确定四面六边透水框架群的范围及厚度。铰链排由于刚性较大，不能适应河床的不均匀变形，不宜作为护滩带边缘的处理方式。

（2）软体排接缝处理试验。

在瓦口子整治控导工程现场试验中，对X形排排垫强度进行了加强，同时，边缘部位的X形排采用搭接5m的方式铺放。

图 2-40 东流水道透水框架现场试验两个水文年后效果

图 2-41 东流水道铰链排现场试验两个水文年后效果

经过一个水文年后，现场试验表明(图 2-42)：排体接缝处采用搭接处理后，接缝处未开裂，表明采用搭接方式有效地解决了 X 形排接缝处缝接强度不足的问题。便 X 形排边缘的水毁仍较严重，形成“垛”状，与以往 X 形排间采用缝接方式不同的是：以往接缝处为垛凹，而本试验中由于接缝处为双层 X 形排，强度大于非接缝处，变形后接缝处形成垛头，相反非接缝处形成垛凹。

图 2-42 瓦口子航道整治控导工程软体排接缝处理现场试验

本试验虽未有效解决 X 形排边缘水毁问题，但这一试验可大幅提高我们在对软体排的认识。主要成果有：

①系混凝土块软体排边缘水毁是由其固有的特性决定的，因此，不可能通过改进其本身结构及施工工艺解决这一问题。

②系混凝土块软体排接缝处采用搭接处理的强度远大于采用缝接的强度。这一现象说明了目前在接缝处于上，D 形排(均采用搭接)的工艺在质量上优于 X 形排。

(3)软体排边缘预埋试验。

预埋试验要求事先根据护滩带在使用过程中的冲刷深度将护滩带头部所处的河滩挖低，将护滩带边缘预埋入床面以下，降低护滩带头部高程，以提前适应冲刷变形后的河床，减小排体在河床冲刷变形中产生的破坏。

在嘉鱼—燕子窝河段航道整治工程护滩带预埋施工现场试验中，在护滩带边缘根部开挖基槽，底宽 1m、边坡 1∶1，将软体排预埋入地面以下 1m 后，然后块石回填。

现场试验(图 2-43)对冲刷较小的部位较为成功，但对冲刷较大的部位存在不足，经分析，得到如下认识：

①预埋块石可随着水流冲刷向下滚落，对坡面形成保护，能较好地防止软体排边缘免遭破坏变形。

图 2-43　燕子窝航道整治工程软体排预埋现场试验

②护滩带边缘采取“预埋 + 块石”方式处理，设计中应根据冲刷幅度来设计预埋块石量，本试验中，由于统一采用预埋 2 方块石，块石量较小，当边缘冲刷幅度大于 2m 时，对边坡守护效果较差。

③采用这一方法形成的边坡较陡，一般在陡于 1∶1.5，其长期稳定性较差。

因此，护滩带边缘采取“预埋 + 块石”方式在一定范围内可作为今后护滩带设计采用，建议使用部位为：护滩带上游边缘侧，冲刷强度较弱的部位。

# 第 3 章　不同工况软体排施工方法与工艺研究

顺水流沉排在长江航道是个全新施工工艺，与垂直水流沉排相比，在船机设备、施工工艺等方面有较大区别。首先，由于船舶横泊江中，船体和排体必将大面积堵水而承受巨大的动水压力，给施工作业带来一定难度，主要表现为：

(1)排布强度尤其是对加强筋强度提出了更高要求。

(2)给铺排船锚缆设备增加更大负载。

(3)对铺排船稳性要求更高。

(4)对船体、铺排机构结构强度要求更高。

(5)在动水压力作用下，整治区域不同水深不同流速必将产生程度不同的缩排(横向变窄)现象，必须加以研究解决。

其次对施工质量和施工安全的要求更高，顺流沉排如何保证施工质量、如何保证船机设备安全等问题需要加以研究。同时，随着合力建设长江黄金水道步伐的加快、长江航道整治建设投入的加大，长江沿线主要碍航河段将被列为今后重点整治项目，水深大于 16m 的条件下以及感潮河段沉排质量，如何较好地解决该环境下沉排过程中的缩排、翻排和撕排以及安全问题，一直困扰着铺船施工技术人员的技术难题，也有必要对深水沉排的施工工艺及船舶设备的改进进行研究。

因此，本章将通过试验与计算掌握不同工况条件下软体排、锚缆、船机受力参数，为编制顺流与深水沉排施工工艺提供适宜的技术参数，制定顺水与深水沉排施工工艺，为长江航道整治采用顺流与深水沉排方法施工提供技术支持。同时，研究软体排防收缩技术、船机设备改进等关键技术。

## 3.1　软体排受力分析研究

### 3.1.1　软体排的结构与材料

广泛应用于长江航道的系结混凝土压载软体排是由排垫结构和压载物两部分组成，排垫结构采用土工布加筋而成，加筋带沿排长方向缝制，宽为 5cm 或 7cm(15m 以上深水区域采用 7cm)，其长度与排长相等，纵向加筋带的首尾端缝制成 $\phi$5cm 的圆环，便于压载物与排体之间的连接。

压载体：压载体学名混凝土连锁块，由 C30 混凝土块制作，每个连锁块大小为 5m × 4m，它由 80 个连锁块单元组成，连锁块单元尺寸为 48cm × 48cm × 12cm(长 × 宽 × 高)。为了便于连锁块单元连接，也为了方便连锁块与排布连接，每个连锁块单元内预埋 $\phi$14mm 的丙纶绳相连而成，如图 3-1 所示。

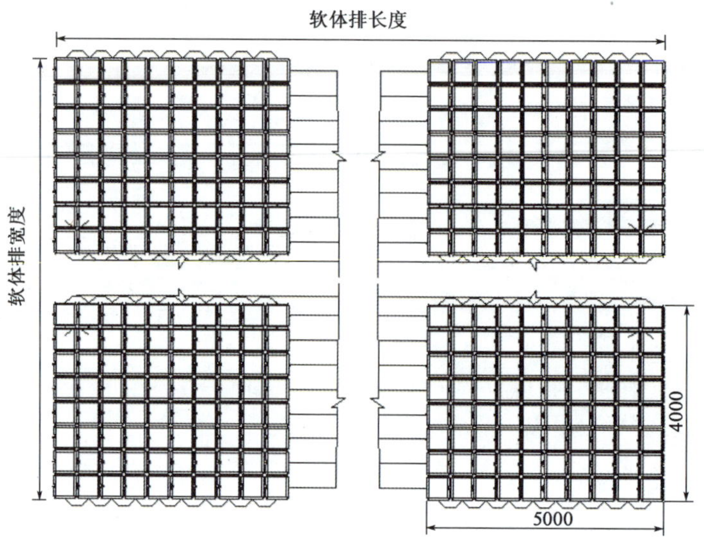


图 3-1 连锁块结构(尺寸单位:mm)

### 3.1.2 软体排铺设施工工艺

江河铺设软体排施工工艺极其复杂,受施工现场影响较大,从而需要铺排船、运输船、机械、施工人员和管理人员的高度默契配合完成。软体排铺设施工工艺如图 3-2 所示,其步骤如下:

(1)施工前准备。扫海清除河床障碍物、铺排船定位、运输船运输排体和连锁块等原材料。

(2)卷排。将软体排排布卷入铺排船滚筒上。

(3)校正船位。保证铺排位置与设计排位一致。

(4)铺设施工。吊装混凝土连锁块和绑系连锁块。

(5)沉排。松开卷筒和卡排梁,移船。

(6)观测轨迹,校正船位。

### 3.1.3 软体排受力研究

1)软体排静水受力研究

铺排船在静水中移动时,软体排在水下部分成半悬链线状态,因此首先采用悬链线理论来分析和计算软体排在水下部分的受力情况。

由悬链线理论可知,当有一条均匀、柔软的绳索,两段固定,绳索仅受重力的作用而下垂,这条绳索在平衡状态时的曲线状态就是一条标准的悬链线,如图 3-3 所示。因此,在航道施工中,铺排船移船绞锚时,软体排呈现的形态正是半个悬链线,如图 3-4 所示。

为了便于研究和分析,本研究做如下设定:

(1)假设软体排横截面积为 $A$。

(2)假设单位长度水下重量为 $W_1$。

(3)假设任意一点的拉力是 $T$,它的水平分力为 $T_x = T_0$,垂直分力为 $T_z$。

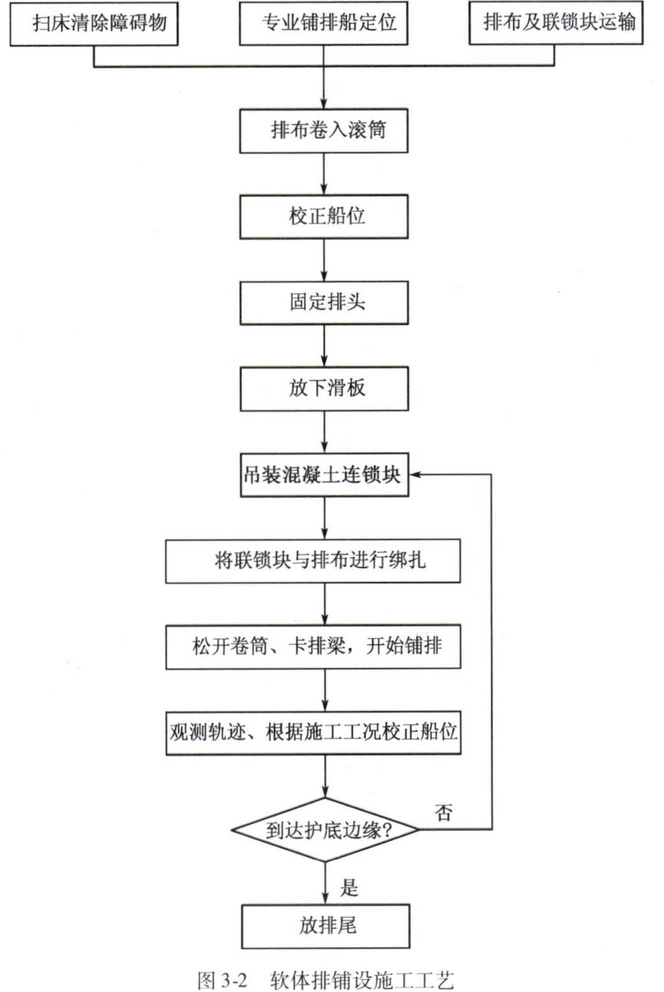


图 3-2　软体排铺设施工工艺

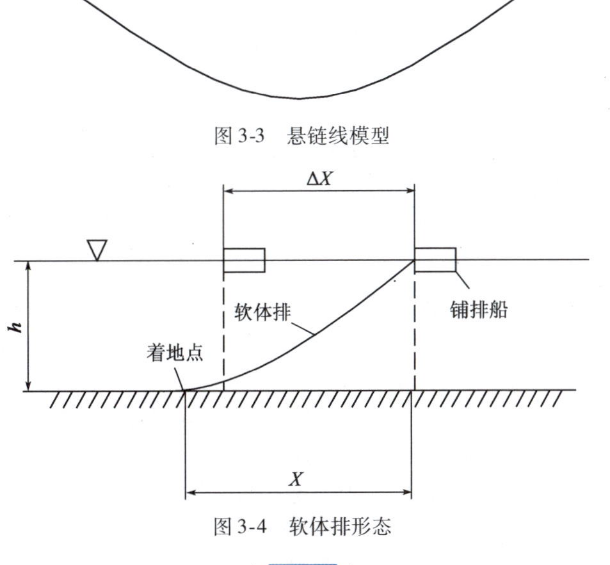


图 3-3　悬链线模型

图 3-4　软体排形态

在上述设定条件下，现取悬链线上任一微段 d$s$ 进行受力分析，如图 3-5 所示。

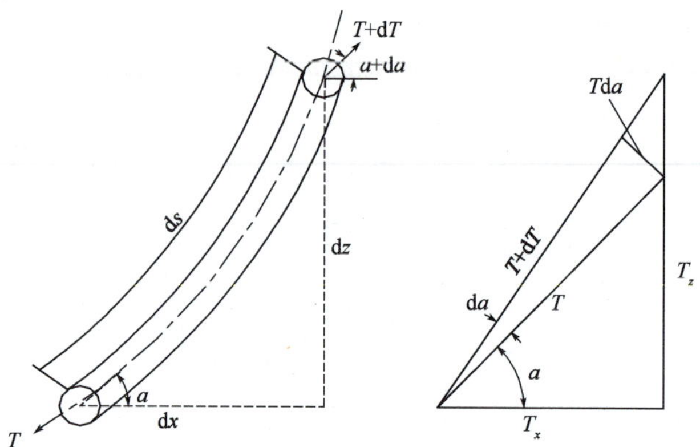


图 3-5　软体排悬链线微段模型

由图 3-5 可知，选取的微段 d$s$ 所受重力力 $W$d$s$，向上和向下的拉力分别为 $T$，$T+\mathrm{d}T$，根据力平衡条件，可列如下平衡方程：

$$T\mathrm{d}\varphi = W_1 g\mathrm{d}s\cos\theta \tag{3-1}$$

$$\mathrm{d}T = W_1 g\mathrm{d}s\sin\theta \tag{3-2}$$

就微段 d$s$ 而言，还存在如下关系：

$$\mathrm{d}x = \mathrm{d}s\cos\theta \tag{3-3}$$

$$\mathrm{d}z = \mathrm{d}s\sin\theta \tag{3-4}$$

$$\mathrm{d}s = \mathrm{d}x\left[1+\left(\frac{\mathrm{d}z}{\mathrm{d}x}\right)^2\right]^{0.5} = \mathrm{d}x[1+z'^2]^{0.5} \tag{3-5}$$

同时由图 3-5 可知：

$$\mathrm{d}T_z = \frac{\mathrm{d}T}{\cos\theta} = W_1 g\mathrm{d}s \tag{3-6}$$

令 $c=\dfrac{T_0}{W_1}$，且 $c$ 作为悬链线参数，由以上各式，则悬链线的拉力为：

$$T = (T_z^2 + T_x^2)^{0.5} = W_1 g(c^2+s^2)^{0.5} = W_1 gcch\left(\frac{x}{c}\right) = W_1 g(z+c) \tag{3-7}$$

在移船过程中，软体排所受拉力与移船速度和软体排的下放速度有关，放排速度一定时，移船速度越大，软体排所受拉力越大，设移船速度为 $v_{船}$，放排速度为 $v_{排}$（$v_{船}>v_{排}$），则任意时间 $t$ 时，相对移船位移为 $\Delta x = v_{船}t - v_{排}t$，软体排悬起部分的长度为 $s$，其水平投影的长度为 $x$，并认为铺排船距河底的垂直距离为 $h$，则由图 3-5 可建立如下关系式：

$$s = h + (x - \Delta x) \tag{3-8}$$

可求得：

$$\Delta x = h - \left\{\sqrt{h^2+2hc} - c\ln\left[1+\frac{h}{c}+\sqrt{\frac{h}{c}\left(2+\frac{h}{c}\right)}\right]\right\}$$

$$\Rightarrow \frac{\Delta x}{h} = 1 - \left[\sqrt{1+\frac{2c}{h}} - \frac{c}{h}\ln\frac{1+\frac{c}{h}+\sqrt{\frac{c}{h}\left(1+\frac{2c}{h}\right)}}{\frac{c}{h}}\right] \tag{3-9}$$

利用式(3-9)可计算出不同$\dfrac{\Delta x}{h}$时对应的$\dfrac{c}{h}$的值，结果见表 3-1。

由式 $T = W_1 g(c+z)$，并结合表 3-1 中关系数值，即可计算出静水中不同水深、不同移船距离 $\Delta x$ 对应的软体排水下部分承受的拉力 $T_A$。

**$\Delta x/h \sim c/h$ 关系数值**　　表 3-1

| $\Delta x/h$ | 0.0250 | 0.0500 | 0.0750 | 0.1000 | 0.1250 | 0.1500 | 0.1750 | 0.2000 | 0.2250 | 0.2500 |
|---|---|---|---|---|---|---|---|---|---|---|
| $c/h$ | 0.0052 | 0.0126 | 0.0213 | 0.0316 | 0.0439 | 0.0575 | 0.0729 | 0.0909 | 0.1105 | 0.1328 |
| $\Delta x/h$ | 0.2750 | 0.3000 | 0.325 | 0.3500 | 0.3750 | 0.4000 | 0.4250 | 0.4500 | 0.4750 | 0.5000 |
| $c/h$ | 0.1578 | 0.1851 | 0.218 | 0.2541 | 0.2951 | 0.3417 | 0.3949 | 0.4560 | 0.5262 | 0.6075 |
| $\Delta x/h$ | 0.5250 | 0.5500 | 0.575 | 0.6000 | 0.6250 | 0.6500 | 0.6750 | 0.7000 | 0.7250 | 0.7500 |
| $c/h$ | 0.7027 | 0.8143 | 0.9468 | 1.0918 | 1.2813 | 1.5123 | 1.7995 | 2.1619 | 2.6281 | 3.2412 |
| $\Delta x/h$ | 0.7750 | 0.8000 | 0.8250 | 0.8500 | 0.8750 | 0.9000 | 0.9250 | 0.9500 | 0.9750 | |
| $c/h$ | 4.0698 | 5.2290 | 6.9194 | 9.5254 | 13.8477 | 21.8039 | 38.9941 | 88.111 | 353.3395 | |

2）软体排动水受力研究

（1）水上部分受力。

由于软体排与船舷相切部分的拉力最大，因此必须考虑此处软体排的受力情况。首先，若软体排全部处于水下，即水位达到 $B$ 点，则可利用公式（3-7）计算出不同移船距离对应的软体排水下各处的拉力，则在 $A$ 处（实际水面位置）软体排的拉力为：

$$T_A = W_1 g(c+h) \tag{3-10}$$

式中：$h$——水深（m）；

其他符号意义与前面相同。

现对实际情况进行分析，水位在 $A$ 点，对 $AB$ 段（水上部分）进行受力分析，如图 3-6 所示。

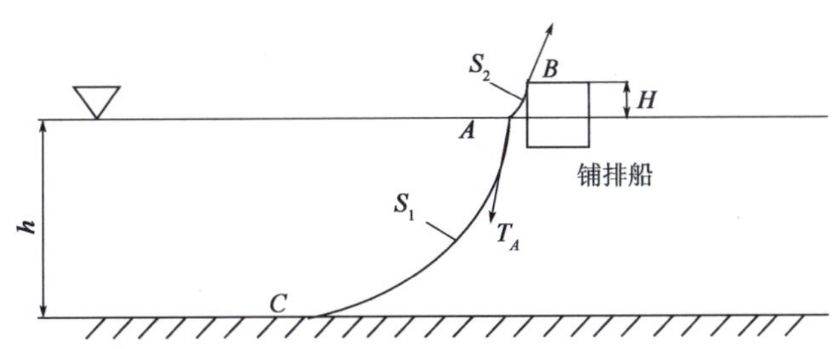


图 3-6　软体排水上部分受力简图

由于 $AC$ 段始终处于水下，水位变化对 $A$ 点处的拉力没有影响，由此建立力的平衡方程：

$$T_{BX} = T_{AX} \tag{3-11}$$

$$T_{BZ} = T_{AZ} + W_2 G S_2 \tag{3-12}$$

式中：$T_{AX}$、$T_{AZ}$、$T_{BX}$、$T_{BZ}$——$A$ 点、$B$ 点水平方向和竖直方向的分力；

$W_2$——软体排水上重量（$kg/m^2$）；

$S_2$——$AB$ 段的长度（m）。

根据式（3-13）和式（3-14）可得：

$$T_{AX} = W_1 g c \tag{3-13}$$

$$T_{AZ} = W_1 g S_1 \tag{3-14}$$

$$S_1 = [h(h+2c)]^{0.5} \tag{3-15}$$

式中：$S_1$——$AC$ 段的长度(m)。

现假设 $S_1/S_1 = h/H$（计算出的水上部分弧长 $S_2$ 偏短，$S_2$ 越短，受力越大），根据式(3-11)~式(3-15)，可得：

$$T_B = \sqrt{(W_1 g\eta)^2 c^2 + \left(W_1 g\eta + W_2 g\frac{H}{h}\right)^2 (h^2 + 2hc)} \tag{3-16}$$

设定移船速度为 $v_{船}$，放排速度为 $v_{排}$（$v_{船} > v_{排}$），则在任意时间 $t$ 时，相对移船位移为 $\Delta x = (v_{船} - v_{排})t$，根据表 3-1，可查出对应的 $c/h$，即可算出 $c$ 值，由式(3-16)即可求出任意时刻软体排所受拉力 $T_B$。

(2)水下部分受力。

由于铺排船铺设时铺排方向无法与水流方向保持一致，故铺排方向与水流方向呈一定角度 $\varphi(\varphi \neq 90°)$，在动水压力的作用下，即使软体排的下放速度大于移船速度时，软体排在水中无法保持在同一竖面上，故软体排在水中也不可能保持垂直状态，而会出现如图 3-7 和图 3-8 中的形状，而此时软体排在水下的形状不规则，并且每个表面都受力，且受力情况极其复杂，从而导致准确计算动水压力以及软体排的内力非常困难，因此须采用经验方法进行估算。

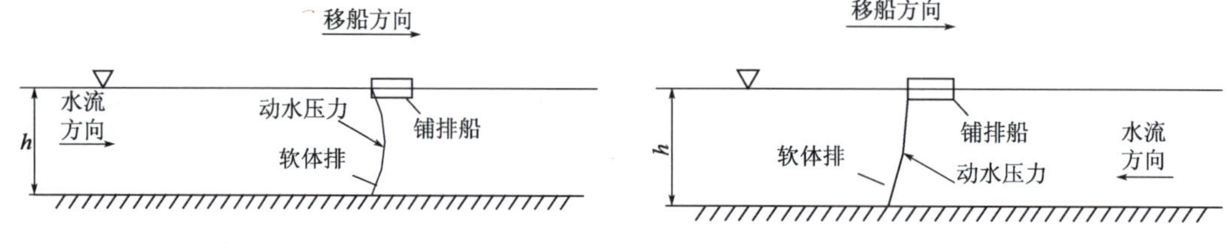


图 3-7　软体排水下形状($0 \leqslant \varphi \leqslant 90°$)　　图 3-8　软体排水下形状($90° \leqslant \varphi \leqslant 180°$)

国内外都有学者对软体排受力进行研究，并取得了一定的成果，我国张景明曾对软体排在静水中沉放、铺排方向与水流方向一致以及铺排方向与水流方向相反三种情况下软体排的受力情况进行了试验[7]。根据其试验结果，分别点绘了铺排方向与水流方向一致和相反两种情况下，流速与拉力变幅之间的关系曲线，如图 3-9 所示（图中 $T_1$ 表示静水中拉力、$T_2$ 表示动水中拉力）。

从图 3-9 可看出，铺排方向与水流方向相反时，流速越大，排体所受的拉力减小幅度越大；铺排方向与水流方向相同时，流速越大，排体所受的拉力增大的幅度越大。分别对顺水和逆水时流速与 $T_2/T_1$ 之间的关系进行曲线拟合，得出如下关系式：

顺水：

$$y = 0.5159x^{0.3506} \tag{3-17}$$

逆水：

$$y = 0.9101e^{-0.0081x} \tag{3-18}$$

式中：$x$——模型平均流速 $u$(cm/s)；

$y$——$T_2/T_1$。

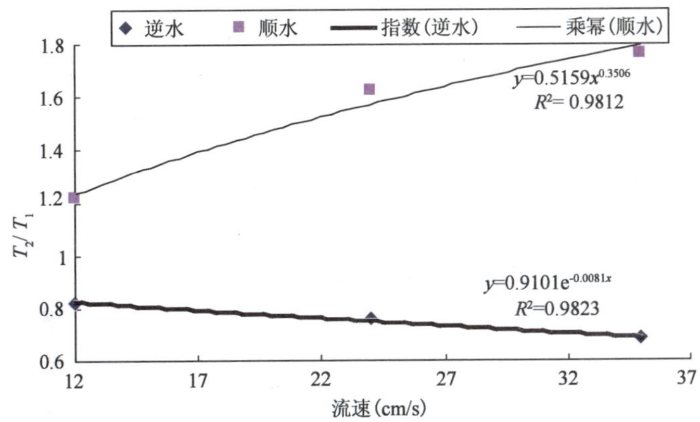


图3-9　铺排方向与水流方向相同和相反时流速与 $T_2/T_1$ 关系曲线

根据模型比尺(1:18),则 $u/U=23.57$(其中 $U$ 为天然平均流速,m/s),代入式(3-17)中将模型流速转化为天然流速,可得:

$$T_2/T_1 = 1.5500U^{0.3506} \tag{3-19}$$

根据平均流速与表面流速的关系式 $U_m=(1+m)U$(式中 $U_m$ 为表面流速,m/s;$U$ 为平均流速,m/s;$m$ 为系数,在这里取0.14),代入式(3-19)可得:

$$T_2/T_1 = 1.4804U_m^{0.3506} \tag{3-20}$$

根据式(3-20)即可计算出各种表面流速对应的动水中拉力与静水中拉力的比值。

如果铺排方向与水流方向呈一定的夹角,由于 $\cos\varphi$ 不为0,故计算软体排在水流方向的投影不为零。设铺排方向与水流方向的夹角为 $\varphi(0\leqslant\varphi\leqslant 90°)$,则在动水中水下部分的软体排所受拉力计算式为:

$$T_2 = (1.4804U_m^{0.3505} - 1)T_1\cos\varphi + T_1 \tag{3-21}$$

即:

$$T_A=[(1.4804U_m^{0.3505}-1)\cos\varphi+1]W_1g(c+h)$$

式(3-21)中 $T_2$ 为动水时软体排所受的拉力(即水下部分排体 $A$ 点拉力),$T_1$ 为静水时软体排所受的拉力。

3)软体排深水受力研究

(1)计算不同水深软体排理论受力。

考虑到沉排的施工过程中水深 $h$ 范围大多在5~25m,表面流速范围在1~2m/s,船舶与着落河床排体的相对位移 $\Delta x$ 取0.2~0.8,单位面积水下排体质量 $W_1=64.22\text{kg/m}^2$、水上排体质量 $W_2=109.92\text{kg/m}^2$,水上排体考虑 $H=2\text{m}$ 高,制动时附加动力系数 $k$ 经实验确定为1.5。计算参数见表3-2。

**计算参数表**　　　　表3-2

| 水深 $h$(m) | 5 | 10 | 15 | 20 | 25 |
|---|---|---|---|---|---|
| 表面流速 $U_m$(m/s) | 1 | 1.5 | 2.0 | | |
| 相对移船位移 $\Delta x/h$ | 0.2 | 0.4 | 0.6 | 0.8 | |
| 其他 | $W_1=64.22\text{kg/m}^2, W_2=109.92\text{kg/m}^2, H=2\text{m}, \varphi=0, k=1.5$ | | | | |

根据水上软体排受力模型公式(3-16)和水下软体排悬链线部分受力模型公式(3-21)计算,各种水深及流速组合条件下的单宽排体计算结果见表3-3～表3-7。其中$T_A$、$T_B$分别为未制动时水下排体所受拉力和船舷处排体所受拉力,$T$为制动时考虑附加动力系数船舷处排体的拉力。

**5m 水深时单宽软体排所受拉力**　　表3-3

| 水深 $h$ (m) | 表面流速 $U_m$ (m/s) | $\Delta x/h$ | $\Delta x$ (m) | $T_A$ (kN) | $T_B$ (kN) | $T$ (kN) |
|---|---|---|---|---|---|---|
| 5 | 1 | 0.2 | 1 | 5.07 | 7.39 | 11.09 |
| 5 | 1 | 0.4 | 2 | 6.24 | 8.95 | 13.43 |
| 5 | 1 | 0.6 | 3 | 9.73 | 13.14 | 19.70 |
| 5 | 1 | 0.8 | 4 | 28.97 | 33.46 | 50.19 |
| 5 | 1.5 | 0.2 | 1 | 5.85 | 8.17 | 12.25 |
| 5 | 1.5 | 0.4 | 2 | 7.19 | 9.90 | 14.85 |
| 5 | 1.5 | 0.6 | 3 | 11.22 | 14.61 | 21.91 |
| 5 | 1.5 | 0.8 | 4 | 33.40 | 37.82 | 56.74 |
| 5 | 2 | 0.2 | 1 | 6.47 | 8.79 | 13.18 |
| 5 | 2 | 0.4 | 2 | 7.96 | 10.66 | 16.00 |
| 5 | 2 | 0.6 | 3 | 12.41 | 15.79 | 23.68 |
| 5 | 2 | 0.8 | 4 | 36.94 | 41.33 | 61.99 |

**10m 水深时单宽软体排所受拉力**　　表3-4

| 水深 h (m) | 表面流速 $U_m$ (m/s) | $\Delta x/h$ | $\Delta x$ (m) | $T_A$ (kN) | $T_B$ (kN) | $T$ (kN) |
|---|---|---|---|---|---|---|
| 10 | 1 | 0.2 | 2 | 10.15 | 12.47 | 18.70 |
| 10 | 1 | 0.4 | 4 | 12.48 | 15.18 | 22.77 |
| 10 | 1 | 0.6 | 6 | 19.46 | 22.80 | 34.20 |
| 10 | 1 | 0.8 | 8 | 57.95 | 62.18 | 93.27 |
| 10 | 1.5 | 0.2 | 2 | 11.70 | 14.02 | 21.02 |
| 10 | 1.5 | 0.4 | 4 | 14.39 | 17.09 | 25.63 |
| 10 | 1.5 | 0.6 | 6 | 22.43 | 25.76 | 38.65 |
| 10 | 1.5 | 0.8 | 8 | 66.80 | 70.99 | 106.49 |
| 10 | 2 | 0.2 | 2 | 12.94 | 15.26 | 22.89 |
| 10 | 2 | 0.4 | 4 | 15.91 | 18.61 | 27.92 |
| 10 | 2 | 0.6 | 6 | 24.81 | 28.14 | 42.21 |
| 10 | 2 | 0.8 | 8 | 73.89 | 78.06 | 117.08 |

**15m 水深时单宽软体排所受拉力** 表 3-5

| 水深 $h$ (m) | 表面流速 $U_m$ (m/s) | $\Delta x/h$ | $\Delta x$ (m) | $T_A$ (kN) | $T_B$ (kN) | $T$ (kN) |
|---|---|---|---|---|---|---|
| 15 | 1 | 0.2 | 3 | 15.22 | 17.54 | 26.31 |
| 15 | 1 | 0.4 | 6 | 18.72 | 21.42 | 32.13 |
| 15 | 1 | 0.6 | 9 | 29.19 | 32.50 | 48.76 |
| 15 | 1 | 0.8 | 12 | 86.92 | 91.05 | 136.58 |
| 15 | 1.5 | 0.2 | 3 | 17.55 | 19.87 | 29.80 |
| 15 | 1.5 | 0.4 | 6 | 21.58 | 24.28 | 36.41 |
| 15 | 1.5 | 0.6 | 9 | 33.65 | 36.96 | 55.43 |
| 15 | 1.5 | 0.8 | 12 | 100.19 | 104.31 | 156.46 |
| 15 | 2 | 0.2 | 3 | 19.41 | 21.73 | 32.59 |
| 15 | 2 | 0.4 | 6 | 23.87 | 26.56 | 39.85 |
| 15 | 2 | 0.6 | 9 | 37.22 | 40.52 | 60.78 |
| 15 | 2 | 0.8 | 12 | 110.83 | 114.92 | 172.38 |

**20m 水深时单宽软体排所受拉力** 表 3-6

| 水深 $h$ (m) | 表面流速 $U_m$ (m/s) | $\Delta x/h$ | $\Delta x$ (m) | $T_A$ (kN) | $T_B$ (kN) | $T$ (kN) |
|---|---|---|---|---|---|---|
| 20 | 1 | 0.2 | 4 | 20.30 | 22.61 | 33.92 |
| 20 | 1 | 0.4 | 8 | 24.96 | 27.65 | 41.48 |
| 20 | 1 | 0.6 | 12 | 38.92 | 42.22 | 63.33 |
| 20 | 1 | 0.8 | 16 | 115.89 | 119.98 | 179.97 |
| 20 | 1.5 | 0.2 | 4 | 23.40 | 25.71 | 38.57 |
| 20 | 1.5 | 0.4 | 8 | 28.78 | 31.47 | 47.20 |
| 20 | 1.5 | 0.6 | 12 | 44.86 | 48.16 | 72.24 |
| 20 | 1.5 | 0.8 | 16 | 133.59 | 137.66 | 206.49 |
| 20 | 2 | 0.2 | 4 | 25.88 | 28.20 | 42.30 |
| 20 | 2 | 0.4 | 8 | 31.83 | 34.52 | 51.78 |
| 20 | 2 | 0.6 | 12 | 49.62 | 52.92 | 79.37 |
| 20 | 2 | 0.8 | 16 | 147.77 | 151.83 | 227.74 |

**25m 水深时单宽软体排所受拉力** 表 3-7

| 水深 $h$ (m) | 表面流速 $U_m$ (m/s) | $\Delta x/h$ | $\Delta x$ (m) | $T_A$ (kN) | $T_B$ (kN) | $T$ (kN) |
|---|---|---|---|---|---|---|
| 25 | 1 | 0.2 | 5 | 25.37 | 27.69 | 41.53 |
| 25 | 1 | 0.4 | 10 | 31.20 | 33.89 | 50.84 |
| 25 | 1 | 0.6 | 15 | 48.65 | 51.94 | 77.91 |

续上表

| 水深 $h$ (m) | 表面流速 $U_m$ (m/s) | $\Delta x/h$ | $\Delta x$ (m) | $T_A$ (kN) | $T_B$ (kN) | $T$ (kN) |
|---|---|---|---|---|---|---|
| 25 | 1 | 0.8 | 20 | 144.86 | 148.92 | 223.38 |
| 25 | 1.5 | 0.2 | 5 | 29.25 | 31.56 | 47.34 |
| 25 | 1.5 | 0.4 | 10 | 35.97 | 38.66 | 57.99 |
| 25 | 1.5 | 0.6 | 15 | 56.08 | 59.37 | 89.05 |
| 25 | 1.5 | 0.8 | 20 | 166.99 | 171.03 | 256.55 |
| 25 | 2 | 0.2 | 5 | 32.35 | 34.67 | 52.00 |
| 25 | 2 | 0.4 | 10 | 39.79 | 42.48 | 63.71 |
| 25 | 2 | 0.6 | 15 | 62.03 | 65.32 | 97.97 |
| 25 | 2 | 0.8 | 20 | 184.71 | 188.75 | 283.12 |

(2)开展深水软体排受力试验。

①试验工况。

试验研究以长江下游黑沙洲水道航道整治工程一标段及葛洲坝水利枢纽下游胭脂坝河床护底三期工程为依托，分两阶段进行，通过试验研究分析沉排船在深水沉排施工时沉排船舶的技术状况，找出排体受力、缆绳、锚机拉力，滑板、卡排梁、锚缆受力状态，论证确定受力模型的可行性和科学性。

②试验情况。

第一次试验

试验时间:2008 年 3 月 6 日。

地点:长江下游黑沙洲河段(芜湖市繁昌县新港镇)。

第二次试验

试验时间:2008 年 4 月 3 日。

地点:葛洲坝水利枢纽下游胭脂坝河床护底工程(宜昌市)。

第三次试验

试验时间:2008 年 5 月 15 日。

地点:长江下游黑沙洲河段(芜湖市繁昌县新港镇)。

分析理论计算结果和实测受力结果，可以得到以下两点结论:

一是根据软体排最大受力的计算和实测值来看，不同工况条件下两者在同一量级，实测排布所受最大拉力的平均值也基本在理论计算结果的范围之内，说明理论计算与现场实测的受力总体上是相符合的，也反映出试验之前理论计算的结果对现场试验起到一定的预示作用。从而验证软体排受力模型的科学性，并且该模型对铺排有指导意义。

(3)软体排深水沉排受力规律。

根据软体排半悬链线部分受力模型公式(3-21)，并结合表 3-3 ~ 表 3-7 数据进行分析，可得到如下规律:

①随着水深 $h$ 的增加、表面流速 $U_m$ 的增加及相对移船位移 $\Delta x/h$ 的加大，软体排所受拉力 $T$ 均逐渐加大。

②水深 $h$ 对软体排所受拉力 $T$ 影响较大，在表面流速 $U_m$ 和相对移船位移 $\Delta x/h$ 一定时，水深 $h$ 每增加一倍，排体所受拉力也将增加一倍以上。

③在水深 $h$ 一定条件下，随着表面流速 $U_m$ 的增加，排体所受拉力 $T$ 会有一定幅度的增加，在相同的相对移船位移 $\Delta x/h$ 的情况下也仅增加1~2t左右的拉力。

④在水深 $h$ 一定条件下，相对移船位移 $\Delta x/h$ 对拉力的影响较大。当 $\Delta x/h$ 从0.2增至0.6时，即使在较大水深和表流情况下（$h=25$m、$U_m=2$m/s），拉力 $T$ 增幅在4t左右；但当 $\Delta x/h$ 超过0.6时，拉力 $T$ 将大幅增加，$\Delta x/h$ 达到0.8时拉力 $T$ 增至3倍左右。因此，施工过程中铺排速度要快，保持相对移船位移 $\Delta x/h$ 在0.6之内，以减小船舶对排体的拉力。

## 3.2 顺水铺排施工工艺研究

### 3.2.1 顺水铺排施工测试研究

1）顺水铺排研究目的

顺水沉排作业时，铺排船船体、铺排机构、锚缆及排布受力大大增加有可能造成船舶断缆走锚、排布撕裂和铺排机构损坏等问题。从而严重威胁到船舶和人员的安全，同时受动水压力影响，排布入水后缩排现象也将更加严重等这些问题，目前只有定性分析，还没有量化研究。只有通过试验采集相关数据才能界定目前现有船舶能满足何种工况以及各种工况所需的船舶性能、排布的技术要求等。为顺水沉排施工工艺及船机设备改造提供可靠依据。

2）研究内容

研究中按不同水深流速条件分为不同组次，同时在每个组次中对船舶不同位移和进行实时测量，再针对排体、船舶和外部条件，监测软体排各项受力数据，根据数据分析软体排受力情况，主要研究内容包括：

（1）顺水沉排过程中排体的受力情况。主要包括系排梁对排体的锚力和排体在船舷处加筋条所受拉力（分三组数据即排体着床点与船舷不同距离）；且沿整个排宽进行布设监测。

（2）船舶上钢缆的受力情况。主要是系接船舶两根主锚钢缆的锚力。

（3）试验施工位置处的水深、水流及水位条件，根据现场允许情况可布设测量水下排体前后以及两侧的流速。

（4）实测排体着床后的缩排情况。

（5）根据沉排受力分析规律优化或改进顺水沉排工艺。

3）研究方案

根据研究分级分段的原则和现有施工工程的条件初步拟定在长江中游瓦口子和长江下游黑沙洲施工现场勘点选择试验场，如表3-8所示。

试验工况条件分级表 表3-8

| 水深(m) | 5 | 10 | 15 | 20 | 25 |
|---|---|---|---|---|---|
| 流速(m/s) | 0.5~1 | 1~1.5 | 1~1.5 | 1~1.5 | 1~1.5 |
| 等级 | 1.5 | 2 | 2 | 2 | 2 |

实际工况与分级表有差异时，按实际工况调整分级参数。根据不同等级施工工况进行研究，研究时采集软体排和铺排船主要设备受力信息，并通过软体排受力模型计算受力情

况，根据受力情况研究顺水铺排施工工艺。

4）试验原理与方法

测力采用电测法，即采电阻应变片测量方法。其测量原理为，将钢板加工成适当尺寸，作为测力传感器，把电阻应变片牢固地粘贴在测力传感材料（钢板）上，到现场串接在需测量的排布中。当测力传感器受拉以后，钢板就会变形，钢板被拉伸时，应变片也伸长，电阻值就增加；传感器被压缩时，应变片也压缩，电阻值减小。应变片接成电桥后，电阻的变化就变为电信号变化，再经仪器放大显示为应变值（或电压值）。应变值可转算为应力值。应力乘以该钢板的截面积就是该传感器的拉力（或者直接把电压与拉力的关系标定出来）。

（1）舷边受力测量。

研究采用钢板作为测力传感材料，并加工成适当尺寸的长方形，两端焊接钢管，穿接卸扣，并与排布筋条端子穿接。钢管既可保护测力片不被破坏，又与卸扣形成铰接，使传感器基本不受弯。实践证明，钢管卸扣筋条端的穿接很方便，在船舷处转弯自如，如图 3-10 所示。

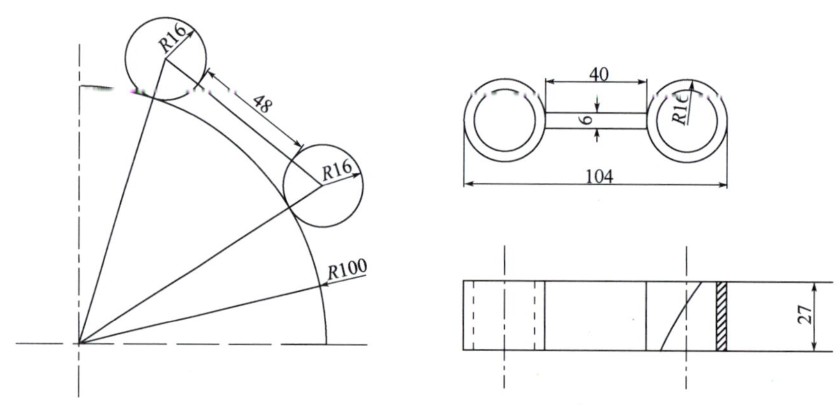


图 3-10 船舷钢管卸扣结构

（2）消除外界对测量干扰。

试验在传感器应变片电路上进行了革新，每个传感器正反面都贴两片互相垂直的应变片。$R_1R_3$ 受拉时，$R_2R_4$ 受压，连接成图示半桥，如图 3-11 所示。

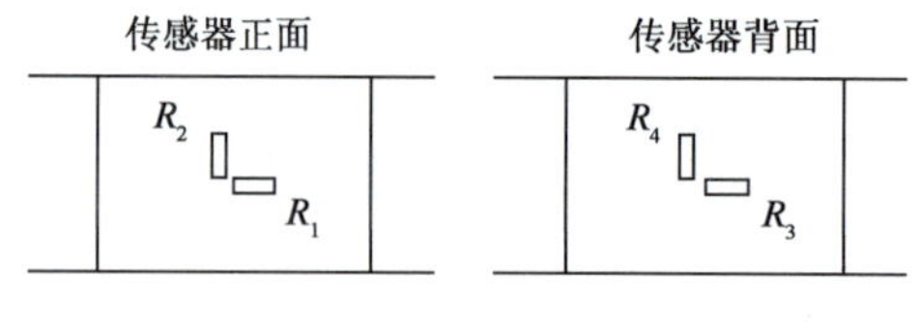


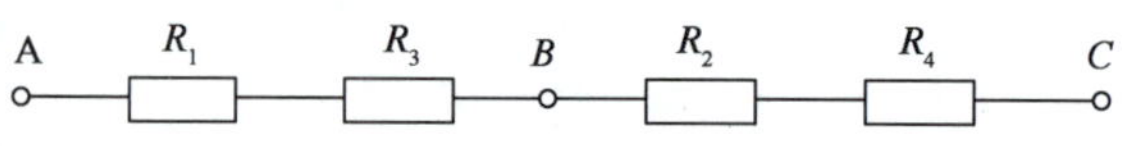


图 3-11 传感器连接半桥

依据上图，各应变片分别有了应变 $\varepsilon_1$、$\varepsilon_2$、$\varepsilon_3$、$\varepsilon_4$ 后，电桥的输出电压为：

$$V = 0.25KE[0.5(\varepsilon_1 + \varepsilon_3) - 0.5(\varepsilon_2 + \varepsilon_4)]$$

测量时,各应变片里最多有拉信号、弯信号、温升信号、水压信号。

先看拉信号,传感器受拉时 $\varepsilon_1\varepsilon_3$ 为正,$\varepsilon_2\varepsilon_4$ 为负,这是研究需要测量的。如果有了弯信号,$\varepsilon_1$ 里是正时,$\varepsilon_3$ 必定是负(因为在背面),互相抵消,$\varepsilon_2$、$\varepsilon_4$ 都很小。温度变化时,四个应变片里温度信号一样大,互相抵消。水压变化时,四个应变片里水压信号一样大,也互相抵消。

5)测试步骤

(1)软体排拉力测试

①设计测拉力传感器。

②加工传感器,并在传感器上粘贴电阻应变片。

③标定传感器。

④进入现场,接通每个传感器的电路,接通所有仪器。通电预热 30min。

⑤采 0。

⑥把传感器连接到两张排布接头处的筋条接头上,每个排布测试剖面拟用 10 个左右传感器。

⑦放排,并在指定的时间采集数据。采集数据一定要与放排动作配合好。虽然只是在一个测量剖面上布置了传感器,但是可以人为指定,在整个放排过程中,在排布的水下线型上任意地点都可以进行测试。

⑧争取把从传感器入水直到着底的整个过程的受力情况全部记录下来。

⑨处理数据。

(2)主缆受力测试。

①设计测拉力传感器,量程设计为 20t 左右,用足够长度的平板钢板即可,打孔用卸扣连接。

②加工传感器,并在传感器上粘贴电阻应变片,应变片电桥接法与排布传感器相同,并认真做好防水处理。

③标定传感器,求出数据采集的每伏电压与拉力的换算系数。

④进入现场。

⑤接通每个传感器的电路,接通所有仪器。

⑥采 0。

⑦把传感器连接到钢缆上,见图 3-12。连接的过程中尽量不损坏钢缆,要在船舷导缆桩以外安装。

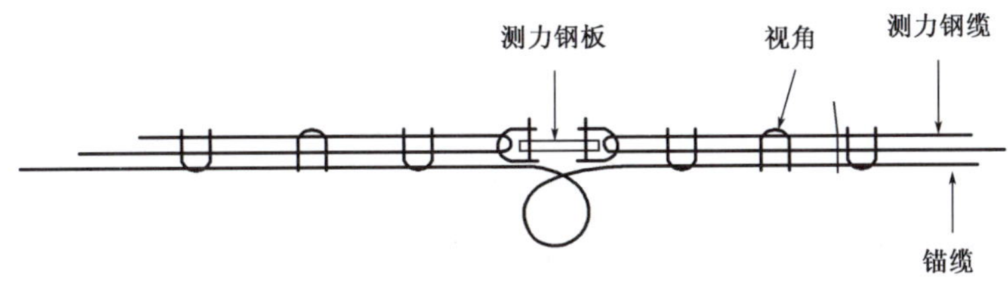


图 3-12　传感器与钢管连

⑧在指定的时间采集数据,采集数据可以与放排同时进行。

6)试验测试

做了如下实验测试:

(1)5.2m 水深放排排体受力测试。

(2)8.5m 水深放排排体受力测试。

(3)14m 水深放排主缆、排体受力测试。

(4)422m 水深放排排体受力测试。

(5)26m 水深放排排体受力测试。

试验结果分析如下:

在不同水深和不同工况下,对顺水沉排的测试结果进行比较和分析,可得如下结论:

(1)顺水沉排过程中,软体排上的最大受力随水深的增加而增大。

(2)顺水沉排过程中,软体排横断面在浅水小流速情况下刚过船舷处时排体所受的拉力最大;在深水大流速情况下接近河床前所受拉力最大。

(3)顺水沉排过程中,从铺排船主缆受力来看,沉排头时,主缆受力随着软体排排头入水深度的不断增加而增大,且在排头快要接触河床面时达到最大。此后,随着着床排体长度的不断增加,主缆受力略有减小,并在一定范围内波动。

(4)从测试的结果来看,软体排上各测力点所受的力存在比较大的差别,其原因是排体之间的连接在实际中难以保证长度一致,因此各加筋条的受力实际上是很不均匀的。实际施工中应对加筋条连接的一致性加以保证。

### 3.2.2 铺排船稳性分析

试验情况及使用船舶汇总一览,如表 3-9 所示。

试验情况及使用船舶汇总一览表　　表 3-9

| 序号 | 工况 | | 排幅宽度(m) | 测试排体最大总拉力(t) | 使用船舶 | 船舶尺寸 | | | |
|---|---|---|---|---|---|---|---|---|---|
| | 水深(m) | 流速(m/s) | | | | 船长(m) | 船宽(m) | 型深(m) | 吃水(m) |
| 1 | 5.2 | 0.8 | 22 | 13.266 | 宜工排 2 | 55 | 12.5 | 2.3 | 0.8 |
| 2 | 8.5 | 0.89 | 22 | 47.91 | 渝工排 1 | 59.5 | 18 | 3.2 | 1.27 |
| 3 | 14 | 1.05 | 22 | 69.82 | 渝工排 1 | 59.5 | 18 | 3.2 | 1.27 |
| 4 | 22 | 1.4 | 22 | 111.77 | 长雁 2 号 | 72.5 | 20 | 3.3 | 1.8 |
| 5 | 26 | 1.3 | 22 | 124 | 长雁 2 号 | 72.5 | 20 | 3.3 | 1.8 |

以上试验均保持船舶浮态正常,没有因顺流沉排拉力造成船舶横倾过大危及安全。一般采用的措施是施工前向左舷侧压载仓注水,使船舶左倾 1°左右以备施工时保持平衡。施工中根据浮态情况加以调整。试验过程中,观察到船舶横泊江中及滑排板入水后受水流冲压会对船舶产生横倾影响,但与排体拉力对横倾的影响就小很多,因为排体拉力是随着水深流速变化而变化的。本文着重研究排体拉力对横倾的影响。

从图 3-13 中可以看出,由于在沉放过程中悬挂于滑排板边缘排体拉力直接作用于滑排板边缘且受力方向向下,施工时会给船体增加一个横倾力矩,直接影响船舶的浮态。为保持船舶正浮,必须采取压载水舱调载的方式加以平衡。

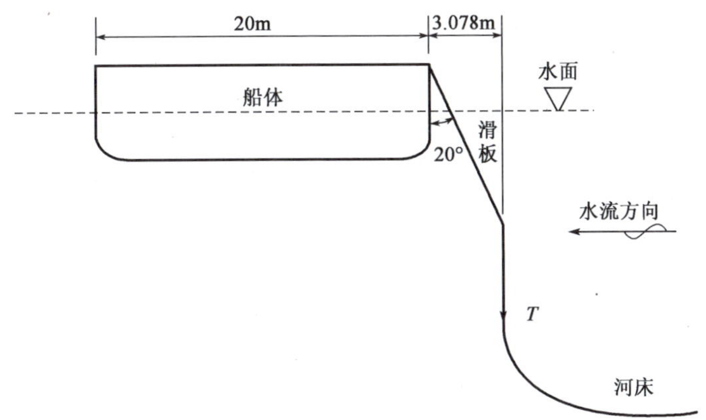


图 3-13　长雁 2 号顺流沉排排体拉力横倾影响示意图

根据本次试验中最大水深 26m 试验测力分析，实测单宽排体最大平均拉力为 55.17kN，22m 排宽时排体总拉力为 1213.74kN 排除其他因素影响，如采用 40m 排宽时排体总拉力为 2206.8kN，如图 3-13 所示 $T_1$ = 2206.8kN，根据力矩平衡原理：

$$M_{载} = T_1 \times S_1 \quad M_{调} = T_2 \times S_2$$

$$M_{载} = M_{调}$$

式中：$M_{载}$——载荷产生的力矩；

$M_{调}$——调载力矩；

$T_1$——载荷力；

$T_2$——调载水重力；

$S_1$——载荷力臂及滑排板边缘至船纵中横距，取 13.078m；

$S_2$——调载舱纵中与船纵中横距，取 7.5m。

当排宽为 22m 时：

$$M_{载} = T_1 \times S_1 = 1213.74 \times 13.078 = 15873.29\text{kN} \cdot \text{m}$$

$$M_{调} = T_2 \times S_2$$

$$T_2 = 15873.29/7.5 = 2116.43\text{kN}$$

当排宽为 40m 时：

$$M_{载} = T_1 \times S_1 = 2206.8 \times 13.078 = 28860.53\text{kN} \cdot \text{m}$$

$$M_{调} = T_2 \times S_2$$

$$T_2 = 3848.07\text{kN}$$

由此推知，为保持船舶正浮左舷压载仓在沉 22m 排宽时注水 216t 即可；在沉 40m 排宽时注水 393t 即可，目前长雁 2 号的调载能力足以满足要求。

铺排机构包括卷排筒、导排梁、卡排梁。根据使用功能其受力各有不同，其主要载荷均是受排体拉力所致。

(1)卷排筒作为卷紧排布和施工放排的主要构件，除满足正转、反转、停止等运动功能外，还必须具有足够的抗扭、抗弯强度，其驱动机构必须提供足够转矩保证其运转能力。铺排机构受力，见图 3-14。

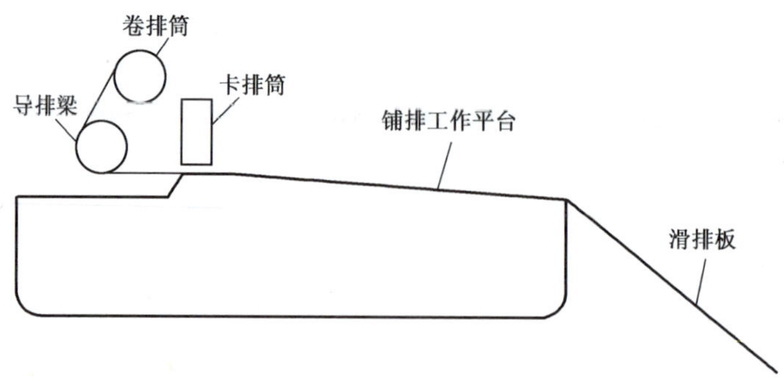


图 3-14　铺排机构受力示意图

(2)卷排筒受力分析:卷排筒在收紧排布与放排过程中均受到排体拉力,其中以深水大流速顺流沉排载荷最大,每次放排至铺排工作平台系结了混凝土块的排体放至工作平台边缘时(因工作平台压载混凝土块排体与工作平台的摩擦力)为最大。此时载荷为排体总拉力(忽略导排梁与排体的摩擦力)。

(3)导排梁作为将卷排筒施放的排布引导至工作平台方向的重要构件,主要承受沿工作平台方向和沿卷排筒切线方向两个拉力的合力(忽略其摩擦阻力),其抗弯强度必须满足克服两个拉力的合力的需要。

(4)卡排梁的作用:第一,在卷排筒卷紧排布时,靠卡排梁与底座之间的摩擦力卡紧排布,使卷排筒上的排布收紧;第二,在放排过程终了时压住排布,靠卡排梁与底座之间摩擦力卡紧排布,防止下滑。主要承受两个方向的力,一是收紧排布时的受力,二是放排终了时受水下排布的拉力。卷排筒收紧排布时比较直观容易控制,一般卷紧即可,受力一般不大;放排终止时压紧排体,水下排布受多种因素影响拉力难以掌握,其受力远大于收紧排布时的拉力。卡排架所承受的拉力(不考虑底座摩擦力的情况下)等于排体水下拉力。所以卡排梁需具有一定重量和足够的抗弯强度和刚度,以满足排布拉力负载要求。

### 3.2.3　顺水施工工艺制定

1)设备、材料选型

(1)根据不同的工况条件和设计要求,选用合适的铺排船以满足安全、质量的要求。总的来说,深水、大流速($h>15\text{m}$、$U>1\text{m}$)工况下必须采用安全性能高的大型铺排船施工;浅水小流速($h<15\text{m}$、$U<1\text{m}$)工况下可采用一般能满足施工安全、质量要求的小型铺排船施工。

(2)根据不同的工况条件和设计要求,选用合适的排垫材料,以满足安全、质量要求,当水深小于10m、流速小于1m/s时,可采用普通型排垫;当水深大于10m、流速大于1m/s时,就需采用加强型排垫。

2)施工准备

(1)施工前,召开由全体施工人员参加的施工作业会,对施工范围、工程量、作业顺序,作业时间、技术要求、质量控制、安全事项等进行技术质量、安全交底。对施工中可能出现的技术、质量、安全问题进行充分讨论,制定对策措施。

(2)对施工中所需的材料、工属具进行清点,备足施工安全所需物质。

(3)对船舶机电设备、测量控制设备、铺排机构、锚、缆等进行一次全面检查保养、试运行,确认机电设备、测控仪器、铺排机构等处于良好技术状态。

(4)施工前,先进行施工区域内的水下测图,如发现有突出异状物立即采取措施进行处理,保证所沉排体不被破坏。依据测图测出的特征点坐标值,在电脑中布设计沉排轨迹线,使沉排施工时使用。

(5)测量设备架设。沉排前在铺排船上选好位置,架设 GPS 天线,确定沉排入水的位置与 GPS 测量点的对应关系,并在电脑的布置图中标识出来。

3)施工人员安排

现场总指挥 1 人,负责整个铺排船的现场指挥调度工作。

操作员 2 人,在驾驶室操作铺排船的控制系统。

测量技术人员 2 人,负责整个铺排船 GPS 定位系统的维护,监控沉排轨迹,及时提供准确的数据。

甲板上施工员 4 人,指挥工人的现场作业,观察排布、钢缆及铺排机构、受力引起的变形情况。

现场安全员 2 人,负责安全生产监督。

吊车司机 2 人,负责吊装排布、排头梁、混凝土块等吊装作业。

工人 40 人,负责铺排船的现场劳务工作。

4)开工展布

在船长和现场工程师的统一指挥下有序开展,注意水上作业安全。

(1)按照作业面顺序将铺排船调至作业区上游端抛锚。

(2)定位采用六锚定位,六锚的抛锚点及具体功能如下:

①右舷(出排舷)侧前后锚抛在距沉排作业上游端纵距 300m 为宜,呈八字状,作双主锚,锚缆与沉排轨迹线夹角为 15° ~30°。

②艄艉锚抛在距次排作业区上游端纵距 200m,与沉排轨迹线横距 200m 为宜,呈八字状,作辅助主锚,兼作横移调整之用,锚缆与沉排轨迹线夹角为 40° ~50°。

③左舷(装载舷)侧前后锚抛在沉排作业区下游端与沉排轨迹线横距 300m 以上为宜,呈八字状作横向移动调整控制轨迹之用,锚缆与沉排轨迹线为 45° ~90°。

④根据 GPS 定位仪显示作业面位置,将铺排船调整至距作业区上游端水深 1.5 倍处定位,船向与沉排轨迹垂直,出排舷滑板面向上游。调整各锚缆受力均匀。

5)排布安装上卷筒

(1)底排安装:安装底排是为了排尾沉放时有足够的牵引长度和增加卷排筒的摩擦力。使用底排 1 张(50m 长)。

①安装时,在操作平台上先将排布打开铺平,排布沿卡排梁闸口(开启)导排梁底部绕过导排梁,将排端加强筋系环与卷排筒系环用 $\phi$15mm 双股尼龙绳系牢。

②操作卷排筒缓慢旋转让排布卷入卷排筒。注意一定要保持排布平展,正常卷入,防止折叠。

③当排布尾端距卡排梁 1m 时,停止卷排,同时下降卡排梁压住排布,然后开启卷排机构,使排布在卷排筒上卷紧。注意:收紧时一定要密切关注排布受力情况,当收紧后立即停

止，防止电机堵转或机械受力过大损坏。

(2)排尾绳安装：安装排尾绳保证排尾准确沉入河床的有效手段。

①根据沉排区水深情况截取 $\phi$20mm 尼龙绳 30 根，绳长为水深的 3 倍。

②将绳一端系结在底排尾端加强筋肋环上，另一端穿过尾排加强筋套环后系结在底排尾端。注意：排尾绳应保持长度一致。

③转动卷排筒将排尾绳卷上卷排筒。

(3)排布安装：根据工程每一通条需要排布长度将排布依次卷上卷排筒。

注意：

①排布要展开铺平防止折叠。

②每张排布(长 50m)卷上后放下卡排梁压紧排头转动卷排筒，使排布收紧于排筒。

③每张排布接头要用 $\phi$15mm 尼龙绳双股系牢。

6)施工作业

在船长和现场工程师统一指挥下有序作业，注意水上施工安全。

(1)排头处理。

①提升卡排梁，开启卷排筒电动机施放排布，人工将排头布牵引至滑排板边缘。

②将船调整至作业区上端系排梁抛投处定位，具体视水深情况而定，一般是水深 1.5 倍加上抛投漂距。

③用吊车将系排梁吊至滑排板边缘纵向一字摆放。

④将系排梁用 $\phi$20mm 尼龙绳绑系，留足系排梁定位至排头定位距离长度的系绳，绳尾系结于排布头加强筋套环。注意：系绳长度为水深 1.5 倍，且长度一致。

⑤放下滑板将系排梁抛入河床。注意：清理系绳防止缠绕。

⑥滑排板上与工作平台上的排布系结 D 形混凝土块。为加大重量，排头前两排可系双倍混凝土块。注意由于排头入水时只有排头重力没有牵引力，为了放排迅速并减少摩擦阻力，工作台上只能一次系 3m 排长的混凝土块。

⑦操纵滑排板绞车，将滑排板缓慢下放至设定的深度，一般分为 30°、45°、70°的下放角，具体下放角度视水深情况而定。

⑧操作卷排机构缓慢施放排布，待工作平台上已系混凝土块排布逐渐滑向滑板后停止，然后再在工作平台前部系结混凝土块，每次只能系结 3m 长排布，逐次放入水中，直至排头落入河床。

⑨操作移船绞车(集中控制)在 GPS 定位仪的监控下，将船退至作业面上端起点，为防止系排梁与排头受水流冲力下滑，可适当在上端 1～3m 处落底。

⑩逐次系结混凝土块，如上所述，每次系结长度不宜过长，防止排布在工作平台上摩擦力大于放排牵引力放不动排，逐次退船。注意放排长度应等于移船距离防止拖动排头，同时还应注意先放排后移船，直至河床上落底排长达到 20m 以上，排头才算锚固具备一定的牵引力，工作平台上混凝土块才可满铺满系。

⑪为防止因斜流造成排体横向漂移，视斜流产生漂流程度在滑板迎流边实施导向牵引。

(2)铺排作业。

①沉排作业中应随时观测水深、流速、流向变化、适时采取应对措施，当遇涨水期，流速

过大时应尽快停止作业,防止事故发生。

②沉排作业中,移船应在GPS定位仪的监控下沿设计沉排轨迹平行移动。注意:移船速度要控制在基本与放排速度同步,每次移船距离与放排长度相当,考虑河床的不平坦移船距离为放排长度的95%左右,防止庸排和拉排。沉排作业中应先启动卷排筒施放排布,后启动移船绞车,避免拉排。同时,应注意上游四根钢缆受力一致,尤其是一端的两根钢缆的同步受力,防止单根受力过大造成走锚断缆。

③为防止因遇斜流产生横向漂移,在滑板迎流边实施导向牵引措施。

④注意船舶浮态适时调载确保铺排保持正浮。

⑤放排过程中不允许人员在工作平台上停留和走动,防止断排将人员带入江中。

(3)排尾处理:在最后一张排放排过程中,如前所述,保持移船轨迹,边放排边移船,直至排尾着床继续移船拉伸排尾后,将排尾绳一端解开,通过转动卷排筒收回排尾绳。

(4)沉排搭接。

顺流沉排横向搭接(排布宽度方向)根据水深情况一般搭接宽度为5~6m。当水深流速较大时考虑缩排影响较大,设计搭接可适当增加。

7)危险源分析及安全措施

由于顺水流铺排受水流冲力变大,加上流速和水深都相对较大的原因,因此在施工过程中,可能会出现以下一些危险情况。

(1)在进行顺水铺排时,当缆绳不能承受大于设计的水流冲力,超过钢缆的破断强度后缆绳容易断裂。绞车容易发生变形或损坏现象。

安全措施:当出现上述情况时立即停止施工,根据情况更换安全性更强的船舶或采取其他措施施工。

(2)下放滑板时,提升绞车如果受水流冲力过大,钢缆将会断裂,从而造成滑板和连接部位撕裂,滑板将无法升降,造成船体倾斜。

安全措施:当出现上述情况时立即停止施工,迅速通知事先准备好的两位手持利刃的操作人员立即割断排布,两人分别从排布两端进行切割,并松开受力缆绳,使船舶尽快顺向,同时尽快收回滑板。

(3)顺水铺排因为水流冲刷滑板,加上滑板下排布上绑系的混凝土块过重,当倾斜角度过大时,船体容易突然横倾,使得船舶不安全。

安全措施:当出现上述情况时立即停止施工,迅速通知事先准备好的两位手持利刃的操作人员立即割断排布,两人分别从排布两端进行切割,并松开受力缆绳,使船舶尽快顺向,同时尽快收回滑板。当情势不严重时,可采取调载方式保持船的正浮。

(4)排布达到河床底部后,由于水流对排布冲力过大,也可能造成卷排梁驱动卷排筒的制动和驱动马达的自刹锁等损坏,有可能出现驱动马达逆向转动、驱动马达损坏或卷筒变形等现象发生。

安全措施:当出现上述情况时立即停止施工,并迅速通知事先准备好的两位手持利刃的操作人员立即割断排布,两人分别从排布两端进行切割。

(5)排布受力过大,绷拉太紧,容易出现卷排筒、制动失灵。

安全措施:当出现上述情况时,现场指挥人员通知事先准备好的两位手持利刃的操作人员立即割断排布，两人分别从排布两端进行切割。

(6)排布被拉断以后，在排布上绑系混凝土块的施工人员可能会随排布卷入水中。

安全措施：当出现上述情况时现场指挥人员立即停止施工，并且将绞锚艇和操舟艇立即开至附近进行人员搜救。

(7)主锚或右边锚其中一根出现断裂迹象甚至断裂。

安全措施：立即通知操作人员割断排布，然后收放相关缆绳，使船缓慢顺向，事后更换钢缆。

(8)如出现走锚无法继续施工。

安全措施：应尽快割断排布，调顺船位后可采用更换大锚或采用子母锚重新抛定。

铺排船船长为施工过程中总指挥，所有相现场指挥人员在遇见问题时立即与船长联系，由船长下达总命令。混凝土块运输船随时处于待令状态，任何一种不安全状况发生时，立即通知运输船舶驶离施工现场。

8)安全预案

由于顺水流铺排施工难度较大，在铺排船施工时，安全尤为关键。整个施工过程中，绞锚艇锚泊在铺排船附近做好安全抢险准备，一旦有安全隐患出现，及时靠近铺排船舶，解除安全隐患。

(1)所有进入施工现场人员必须穿戴好救生衣和安全帽。当滑板下放至水中后，工作平台外侧应设置安全防护绳，以防人员落水。

(2)试验过程中当发现船体有翻覆以及钢缆有断裂等迹象时，立即通知各操作人员灵活操作，协调同步，并且有专人持利刃准备随时割断排布，确保船舶安全。

(3)当顺水流铺排施工过程中发现某个绞关、缆绳或卷排梁出现受力过大的现象时，现场指挥人员立即通知集控室技术人员停止铺排，并及时松开受力绞关，使缆绳受力减小，确保施工船舶安全。

(4)若出现排布由于受水流冲力较大而冲刷到船体底部从而导致铺排船处于不安全状态时，立即将主缆和边缆快速松开，同时将排布空载放出数十米，然后将船及时顺向，从而确保船舶安全。

(5)施工时，岸上地锚附近禁止闲杂人员走动，并设置相关安全警示标识。

(6)绞锚艇作为施工水域的机动船舶，应保持设备的完好运转，当班人员要加强对施工水域的瞭望，发生意外事故要在船长的领导下及时采取应急措施。

(7)过往船舶在施工水域内不听指挥，发生事故时，应及时做好记录，主动及时向海事部门报告，在保证自身安全的前提下，积极进行施救。

为维护船舶及水上工作人员生命安全，避免扩大事故损失，一切机动船、工作船、驳船均应进行应急应变部署和演习。

(8)各船由大副排定应变部署表；每一位船员填发“应变备忘卡”，注明应变岗位、编号及任务，置放在床头醒目处，船员必须熟记应变备忘卡所载岗位和任务。

(9)当船舶遇险时，应按应急应变部署积极抢救，减少或避免事故损失。

(10)当灾难情势严重，非本船单独能力所能迅速奏效时，应发出求救信号，以借助他船力量予以紧急处置。

(11)当发现有危险征兆或突发事件苗头,当事人应立即报告现场负责人。现场负责人应迅速组织相关人员查明原因,尽全力予以排除。

(12)如有人员落水,应立即抛救生圈或其他浮具施救,并同时向驾驶台高呼有人从某舷落水,船长应发出救生警报,所有船员穿好救生衣,听候命令施救。

(13)整个施工过程中,安排2名专职安全员进行安全值班,随时检查绞关、缆绳以及卷排筒受力情况,发现有安全隐患立即通知现场指挥人员。绞锚艇在岸边待令,操舟艇也同时处于待令状态,发现有情况发生立即断开岸边地锚连接缆绳的钩子,开赴现场实施救援。

## 3.3　深水铺排施工工艺研究

### 3.3.1　深水铺排施工工艺内容

1)研究目的

目前,长江航道整治工程施工内容主要项目包括:水上沉排、水上抛枕、水上抛石、X型排铺设以及护岸工程施工等,多数的航道整治建筑物实施均需在完成水上沉排以后方可进行。因此,在航道整治工程中水上沉排施工尤为关键,也是航道整治成功的最重要环节。

原有的沉排水深在6m左右到16m之间进行。当沉排施工水深高达到16m以上时,如何提高流速超过1.5m/s、水深大于16m条件下沉排质量,如何较好地解决该环境下沉排过程中的缩排、翻排和撕排以及安全问题,是一直困扰着铺船施工技术人员的技术难题,因此进行深水沉排施工工艺研究是必要的。

2)研究内容

研究中按不同水深条件分为不同组次,同时在每个组次中对船舶不同位移和进行实时测量,再针对排体、船舶和外部条件,监测软体排悬链线部分、水上部分、实船和锚缆受力数据,根据数据分析软体排受力情况并对软体排铺设工艺或牵引装置进行改进和优化,主要研究内容包括:

(1)软体排在不同水深条件下,沉排过程中排体的受力情况。主要包括系排梁对排体的锚力和排体在船舷处加筋条所受拉力(分三组数据即排体着床点与船舷不同距离),且沿整个排宽进行布设监测。

(2)在不同水深条件下,在铺排过程中,铺排船上钢缆的受力情况。主要是系接船舶2根主锚钢缆的锚力。

(3)实测排体着床后的缩排情况。

(4)根据沉排受力分析和锚缆受力规律,优化或改进软体排沉排工艺。

3)研究方案

为了使研究更加逼真地反映真实施工现场软体排受力情况,本研究在不同地点,根据不同水深等工况开展软体排受力采集试验。根据不同等级施工工况进行研究,研究时采集软体排受力信息,并通过软体排受力模型计算受力情况,根据受力情况研究深水铺排施工工艺。

4)试验原理与方法

由于深水软体排受力研究采用测力的方法用电测法,即与顺水沉排施工工艺研究的原理和方法一致,故本节不再赘述。

5)测试步骤

由于试验方法和顺水沉排施工工艺研究的试验试验方法完全一致,故本节不再赘述。

6)试验测试

(1)19m 水深软体排受力测试。

(2)21m 水深软体排受力测试。

(3)26m 水深软体排受力测试。

试验结果分析如下:

在不同水深条件下,对深水沉排的测试结果进行比较和分析,可得如下结论:

(1)深水沉排过程中,锚缆上的最大受力随水深的增加而增大。随着软体排长度着床长度不断增加,锚缆受力基本不变,并在一定小范围内有所波动。

(2)深水沉排过程中,软体排横断面受力随水深的增加而增大;在深水大流速情况下接近河床前所受拉力最大。

(3)从测试的结果来看,由于各加筋条的受力不均,从而软体排上各测力点所受的力存在比较大的差别。实际生产土工布中,应考虑加筋条极端受力情况,避免撕排现象发生。

7)深水铺排施工工艺改进

(1)改进排头固定方式。

沉排采用钢筋混凝土排头梁牵引排头下沉和固定排头,考虑到深水沉排受水流冲力较大,因此需要增加排头固定重量,将每 3.5 延米排头梁质量由原来的 770kg 至少增加到 1540kg,另外根据流速和水深确定每个施工验区域需要预制梁质量。

以开始试验的水深 7m 计算排头梁飘移距离,根据公式:

$$L_d = 0.74 \times V_f H / G^{\frac{1}{6}}$$

式中:$L_d$——排头梁水平落距(m);

$H$——水深(m);

$V_f$——表面流速(m/s);

$G$——排头梁质量(kg)。

以水深 7m、表面流速 1.3m/s、单根排头梁质量 770kg 计算得出 $L_d$ 为 2.2m。因此需将船提高距离 $L = 7m - 2.2m = 4.8m$。

在未放滑板之前,计算预制梁漂移距为 2.2m,然后将船舶提高 2.2m,随即操作人员用船用起重机将预制梁吊至滑板边缘,并且在排头梁上端绑系 1 个浮标,以便施工中观测排头是否发生位移。将尼龙绳的另一边与排体相连,待一切准备工作就绪,采用将滑板略微倾斜,让预制梁缓慢、匀速坠入江中自然成熟工艺,待排头梁沉入河床底部以后,将船往下游移动 2.2m,从而确保软体排按设计要求进行铺设。在施工过程中,先进行一段距离的空排沉放试验,每次放排布按 3m 为一个单元,随时观察排布受力情况,同时着重对锚缆、滑板、卡排梁、排布及相关设备的受力情况进行观测,主要观测以下几个方面:

①排布受力情况。

②绞车受力情况。

③液压机械设备受力情况。

④卷排梁、卡排梁以前设计状况只能承受排布以及混凝土块在水中的自重拉力。深水沉排时，还大大增加了由于水流的冲力而增加的拉力，容易造成卷排梁断裂，卡排梁受力情况将要重点观测。

⑤由于滑板与船体时铰链连接，滑板受力情况。

(2)施工设备改进或改造。

①各锚缆绳进行加强布置，传统沉排船缆绳规格多在 $\phi$28mm，而在深水区进行沉排时各锚缆绳增大到 $\phi$42.5mm，从而能够承受足够的拉力。

②加强各绞关承受的核定拉力。

通过试验分析和比较，对沉排船的绞关进行改造，有原来的核定 16t 增加至能满足深水沉排要求的 25t，从而达到深水沉排的船舶技术要求。

③对锚的重量进行加强。

通过对黑沙洲航道整治施工现场情况分析，在进行 2 号潜坝最深处沉排时(最大深水达到 26m)，用传统的抛锚定位方式可能出现走锚现象，因此结合当地流速和流向分析，采取连环锚定位方式进行施工定位，即在一根主缆绳上连接两颗铁锚固定主缆。

④对滑板及卡排梁的核定受力加强。

由于在增大了水深的同时，滑板和卡排梁的受力相应增加，因此在进行深水沉排时，需对滑板及卡排梁的核定受力进行加强。

(3)增强软体排强度。

通过现场试验分析，深水沉排软体排受力明显增大。随着水深增加，软体排受力成几何倍数增长。

因此如果采取传统的软体排进行施工，势必导致软体排加筋条拉裂、排垫断裂等现象发生。在深水沉排时，为了顺利完成施工任务，需加强软体排的各项指标参数。尤其在排垫重量、加筋条抗拉强度、系结条抗拉强度上，均需明显增强。

(4)深水沉排安全保障。

由于深水沉排施工难度较大，工艺尚在不断成熟之中。因此，在沉排船施工时，安全尤为重要。

当深水沉排施工过程中发现某个绞关、缆绳或卷排梁出现受力过大的现象时，现场指挥人员立即通知集控室技术人员停沉排，并及时松开受力绞关，使缆绳受力减小，确保施工船舶安全。

若出现排布由于受水流冲力较大从而导致沉排船处于不安全状态时，立即将主缆和边缆快速松开，同时将排布空载放出数米，从而确保船舶安全。

### 3.3.2 潮河段深水铺设连锁排施工工艺

1)施工工艺原理

感潮河段深水铺设连锁排施工时，增加活动加筋条、绑系相邻连锁块遵循力系的合成与分解原理，使得排体的拉力与船舶牵引力、水流力平衡，铺排船定位和移动采用抛锚和设置钢缆绳，通过 GPS 系统准确定位、收放锚缆移动船位，使作用在船体上的锚缆拉力和水流力平衡，在确保船体稳定性的同时，控制船体沿预定方向运动，排体则在自重和船舶牵引力的作用下，沿滑板缓慢下滑并平铺于河床滩面上。

2)施工方法

(1)施工准备。

①扫床:施工前,先进行施工区域的水下地形检测,如发现有突出尖状物,应立即采取有效措施进行处理,保证所铺排体免受损坏。

②铺排轨迹规划:根据铺排施工范围和顺序,将排位尺寸、坐标输入到铺排船的GPS定位系统中,设计铺排船的运动轨迹线,以便在铺排施工过程中实时控制铺排轨迹,确保排体沉放位置满足设计要求。

③船机设备检测:铺排施工前,应对铺排船的船机设备、定位系统等软硬件进行全面的检测并试运行,确保设备、仪器处于良好的技术状态。

④施工工况调查:为了准确掌握施工区域潮汐变化规律、水深、流速等相关技术参数,应结合当地水文部门,并进行现场实测,详细了解施工工况。

⑤施工前交底:编制详细的施工技术方案与安全应急方案,组织人员进场并进行技术、安全交底,重点掌握施工范围、施工工况、施工质量控制与安全要求等,针对施工中可能出现的问题进行充分讨论,制定应对措施。

(2)铺排船定位。

①考虑施工区域水深、流态紊乱,采用"六锚缆定位法"确保铺排船的稳定,并在铺排区以外的区域进行抛锚。

②根据GPS定位仪显示的作业面位置,将铺排船调整至排体设计边线的上游边定位,通过收、放各锚缆,实现船舶稳定、准确定位。

③在铺排护底区域面积较大,或者在一些弯曲河段,一次抛锚不能控制铺排船在整个施工区域进行移动时,需分区抛锚、分区施工。

(3)卷排及卷活动加筋条。

用起重机将排布吊至甲板上,操作工人在起重机协助下将排布展开,将排尾拉环及活动加筋条与滚筒上钢缆系结(活动加筋条数量应根据实际工况增减),启动滚筒开关将排布及活动加筋条卷入滚筒,直到排头及活动加筋条头部平展在滑板前沿,关闭滚筒开关。在卷排期间,操作工人站在排布两侧,用力绷紧排布,使滚筒上排布无皱折,同时在滑板边缘由人工手拉活动加筋条,确保活动加筋条上的系结环在上、受力方向朝向排首,且无扭曲。平铺在甲板和滑板上的排布、活动加筋条,用人力拉平、拉直,防止排布及活动加筋条皱折、收缩。

(4)连锁块吊装及绑系。

混凝土连锁块达到设计强度后,水运至施工现场,并靠泊至铺排船旁,待排布及活动加筋条铺设完成后即可进行吊装。

混凝土连锁块的吊运作业由起重工指挥,吊装时采用桁架固定连锁块体,保证其均匀就位,在离排布上方约1m时略做停顿,由人工从两个方向牵着揽风绳,缓缓就位至适当排位,每块吊装完毕后集中工人采用直径$\phi14$的丙纶绳进行绑系固定,再接着安放下一片连锁块。如此反复,直到一排连锁片按设计排位全部就位并绑系固定后即可开始铺排。

在绑系混凝土连锁块时,应将连锁块与所有系结环绑系,特别是与活动加筋条的系结,同时应将相邻连锁块进行绑系,增强其整体性。

(5)排体铺设。

①排头固定。感潮河段深水铺设连锁排施工,其排头位置一般位于江中而不与岸相接,若排首第一排连锁块为Ⅰ型(单元块体长、宽、厚分别48cm×48cm×12cm)结构时,排头采用系排梁进行固定,若排首第一排连锁块为Ⅱ型(单元块体长、宽、厚分别48cm×48cm×20cm)结构时,则无需采用系排梁。系排梁应按设计要求进行预制,系排梁与排体首端采用$\phi$14防老化丙纶绳进行系结,系结绳长度在1~2m,呈"一字形"摆放,同时为保证排体首端着床后的位置处于设计铺排区上端,系排梁的计划着床点距铺排上边线的距离应稍大于系结绳的长度。

②系排梁抛投点的确定。抛投点位于计划着床点上游一定距离,根据漂移距计算公式:

$$L_d = 0.74V_fH/G^{\frac{1}{6}}$$

式中:$L_d$——系排梁漂移落距(m);

$V_f$——抛投点表面流速(m/s);

$H$——抛投区水深(m);

$G$——系排梁质量(kg)。

由上式计算得到抛投点距计划着床点的距离。

③连锁排铺设。在连锁块、系排梁安放后校准船位,使船体的滑板处于450°为宜,松开卡排梁及滚筒,缓慢、匀速移船,利用连锁块、系排梁自重使排体沿滑板徐徐沉入江底。铺排施工由下游向上游按顺序铺排,施工过程中铺排船由GPS实时跟踪定位,绘出铺排轨迹线,并校核实际铺排轨迹与设计排位是否相符,若出现偏差,立即校正船位,保证护底范围和搭接宽度满足设计要求。

(6)排尾沉放。

每一通条最后一排的排尾用排尾绳牵引,排尾着床后,继续移船拉伸排尾至铺排区末端,最后将排尾绳活结解开,转动卷排筒收回排尾绳。

3)施工操作要点

(1)在卷排时,应将活动加筋条同时与滚筒均匀卷起,应尽量确保排布无皱折、卷曲,并确保活动加筋条上的系结环受力方向顺向排首,且无扭曲,活动加筋条增加数量可根据实际工况增减。

(2)在系结连锁块、活动加筋条过程中,应确保活动加筋条摆放均匀、顺直,所有系结环均与连锁块进行绑系,同时应将相邻连锁块进行绑系,增强其整体性。

(3)在铺排过程中若遇到急涨、急落潮时段应停止施工,尽量选择在高、低平潮时段施工,且在排体挂排之前,应保证排首不少于3排连锁块已沉放江底,避免排体在长时间挂排期间受到水流冲击对排体产生过大不均匀疲劳应力,进而防止在候潮后施工出现撕排、断排现象。

(4)在铺排施工过程中,应控制移船速度在1.7m/min左右,防止排体受力不均,同时实时校核铺排轨迹线,确保与设计排位一致。

(5)部分区域铺排结束后,应及时组织水下摄像探摸检测,对于水下排体搭接宽度达不到设计及规范要求的应进行补排,确保沉排施工质量满足要求。

## 3.4 软体排防收缩技术研究

### 3.4.1 软体排收缩原因分析

软体排铺设过程中，软体排收缩极其常见，主要体现在以下几个方面。

(1)卷排排布未能完全展开。卷排是铺排船定位后紧接着的一道重要工序，卷排质量直接影响着排体收缩质量。常规卷排流程是：使用超重机将排布吊至甲板上，操作工人在起重机协助下将排布展开，将排尾拉环和滚筒上钢缆相系，启动滚筒开关，排布自动卷入滚筒，与此同时，工人们站在滚筒两边用力绷紧排布，以防排布皱折、收缩。但在实际操作过程中，由于排布质量和面积均较大，而工人数量有限，并且工人拉力方向又不一致，有时还存在风浪天气的影响，排布难以完全展开，从而导致卷排后排布出现收缩，卷排质量无法达到预期目标。

(2)吊放连锁块产生挤压。铺排船完成卷排后就立即进行吊放连锁块和铺设工作。为了提高工效和加快铺设进度，一般由两台起重机同时将连锁块吊放到排布的指定位置，然后再将连锁块的连接绳和排布的系结环绑扎在一起。理论上上述施工工序不会造成缩排，但实际施工过程中，起重机将连锁块吊放到排布上后，由于连锁块间相互挤压，排布势必会向中间收缩，与此同时，如果排布中间存在折叠，而连锁块又是由排边向中间吊放，此时由于连锁块较重，折叠区域排布无法人为拉直，从而加剧了排布收缩。

(3)常规铺排船的驾驶室、生活区和机械都位于船尾，而船舱位于船头处，因而船头处较轻，而船尾处较重。根据杠杆和浮力原理，船头会上浮，而船尾会下沉，从而导致船头比船尾略高，但由于船长不易发现船首尾倾斜，从而不能及时向船头舱注入压载水以保持船首尾平衡，进而致使船首尾倾斜。此时进行铺设施工作业，铺设在船头方向的连锁块在重力作用下一定会向船尾方向滑动，从而致使连锁块相互靠拢聚居在一起，造成排布收缩。

(4)当完成一排连锁块的吊放和绑扎后，铺排船就开始对排体进行沉放。在沉放过程中，在重力水流潮汐的作用下，排体在水中部分呈现U形状态，因此水中部分排体在水流潮汐方向截面存在一定的投影面积，投影面积在水流潮汐影响下产生较大作用力，这些作用力作用于排体，从而导致水中连锁块相互挤压，同时连锁块横向间的排布收缩，进而加剧排体的U形状态，投影面积变大，排体收缩愈演愈烈。

### 3.4.2 软体排收缩控制原理

从上述排体收缩成因分析可得知，除“卷排排布未能完全展开”受人为因素影响较大，并且因铺排工艺原因当前无法优化或改进外，其他皆为由于某些因素产生作用力，从而导致连锁块挤压或移动，连锁块间的柔性排布收缩。因此，如何抵消这些作用力是解决沉排排体收缩控制的关键。

针对上述缩排原因，本研究在连锁排横向增加防缩排构件、连锁排横向增加防缩排构件方面遵循牛顿经典力学的作用力与反作用力原理。当水流和潮汐力作用于连锁块排时，连锁块间存在柔性排布，从而导致连锁排的横向收缩，但安置防缩排构件后，水流和潮汐力引起的连锁块作用力不再作用于排布，而是传递给防缩排构件，防缩排构件的具有高强度和收缩性小等特点，阻止了连锁块间隙柔性排布的收缩，与此同时，防缩排构件产生一个与连锁块作用力大小相等的反作用于连锁块的力，进一步阻止了连锁块排的收缩。

### 3.4.3 防缩排构件原材料选择

由于防缩排构件安置在连锁块之间，并且用于铺排护底工程中，故构件除需要满足较高强度外，还需满足一些其他特殊技术指标，技术指标如表3-10所示。

防缩排构件原材料技术指标 表3-10

| 名称 | 抗压 | 抗拉 | 伸长率 | 收缩率 | 密度 | 单价 |
|---|---|---|---|---|---|---|
| 单位 | MPa | MPa | % | % | kg/m$^3$ | 元/m$^3$ |
| 指标 | >30 | <15 | <2 | <1 | 2500 | 350 |

结合上述技术指标，通过广泛选取，层层筛选，最终符合要求的原材料是混凝土和高强度工程塑料。混凝土具有原材料丰富和制作工艺简单的特点；高强度塑料具有质量较小和价格低廉的特点，但由于构件安置在排体上，并且最终会随软体排一并沉入河床底部，考虑到采用高强度工程塑料会释放有毒物质，从而对环境产生污染；而混凝土无任何污染，且取材方便、制作方便，因此混凝土成为制作构件原材料的首选。

### 3.4.4 防缩排结构设计

根据预制现场不断试预制，反复多次现场试验，再根据现场反馈不断优化和完善，结合实用性和经济性的原则，并考虑制作工艺和便于搬运、安装。针对12cm厚连锁块的防缩排构件的材质和尺寸设计：所述防缩排构件由C30混凝土本体和绑扎铁丝构成，构件混凝土本体结构的边缘尺寸为18cm×18cm×12cm，如图3-15所示。防缩排构件从俯视、正视、侧视角度看均为对称图形。构件顶面距离两边4cm处各设置一个楔形凹槽，楔形凹槽顶宽为6cm，厚度为2cm，相邻楔形凹槽之间中心线距离10cm，楔形凹槽与水平面的夹角为45°。楔形凹槽处在构件侧面的预埋2组14号($\phi$2.2mm)绑扎铁丝，绑扎铁丝外露部分的长度为20cm。构件侧面四周为梯形截面(上底2cm、下底6cm、高2cm)凹槽，梯形截面去除后，构件侧面上、下面边缘最薄处厚度均为2cm。

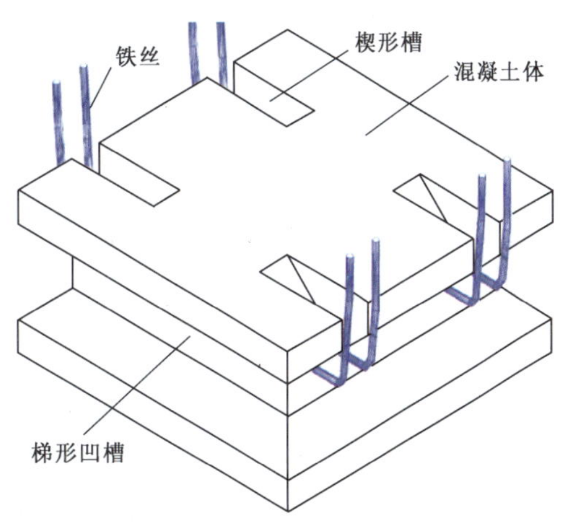


图3-15 防缩排构件结构

根据图3-15可得知，构件底面和顶面均为正方形，构件由混凝土体、侧面梯形凹槽、顶面楔形槽和预埋铁丝组成。其中，混凝土体主要用于抵消连锁块作用力和支撑柔性排布；侧面梯形凹槽用于卡住两侧连锁块，防止连锁块拱起；顶面楔形槽用于放置附近连锁块连接绳；预埋铁丝用于固定楔形槽的连接绳，防止沉排过程中构件侧滑或拱起。

### 3.4.5 防缩排构件技术指标

缩排构件混凝土本体采用C30混凝土模板浇筑而成，其主要指标见表3-11。

缩排构件主要技术指标 表 3-11

| 项目 | | 单位 | 指标 |
| --- | --- | --- | --- |
| 强度 | 抗压 | MPa | >30 |
| | 抗拉 | MPa | >15 |
| 尺寸 | 长度 | mm | 200±2 |
| | 宽度 | mm | 200±2 |
| | 高度 | mm | 120±2 |
| 外观 | 无麻面、无蜂窝、无破损 | | |

铁丝采用抗拉强度>50kN 的 2.2mm 铁丝,其主要指标见表 3-12。

铁丝主要技术指标 表 3-12

| 规格 | 抗拉负荷 | 伸长率 | 密度 |
| --- | --- | --- | --- |
| | (N) | (%) | (kg/km) |
| 直径 2.2mm | >50 | 5< | >0.121 |

### 3.4.6 防缩排构件安装方法

(1)安装:在正常铺排施工的连锁块吊安时,预留安装防缩排构件的空隙。安装示意图如图 3-16 所示。人工搬运防缩排构件,安置在相邻的两块连锁块之间,并将连锁块的边缘插入到防缩排构件的梯形凹槽中,使连锁块与防缩排构件咬合在一起。

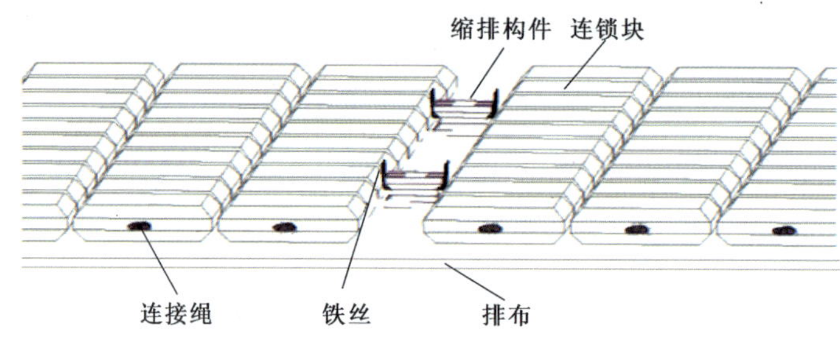


图 3-16 防缩排构件安装示意图

(2)绑扎固定构件:将防缩排构件附近的丙纶绳放置在楔形凹槽中,并用绑扎铅丝将连锁块预埋的绳索拧固在一起,固定防缩排构件的在连锁块间的相对位置。

### 3.4.7 软体排铺设施工难点分析

根据多年施工经验,以及多个施工工程工况,一般施工区域有以下几处难点。

(1)施工区域径流变幻莫测,不易总结形成经验措施,施工过程中难以达到最佳铺设状态,对沉排收缩影响较大。

(2)频繁发生的台风不仅直接影响铺排船的稳定性,而且还影响着铺排质量,容易发生缩排现象,有时甚至发生撕排现象。

(3)根据统计资料记载,长江流域水流流速多为 2m/s 以上,并且流向变化不定,易造成连锁块拱起或翻转,从而导致排体收缩。

(4)根据数十年的航道整治工程施工经验,施工区域水深越深,排体收缩呈几何指数加剧,而当施工区域水深达到 20m,排体收缩可想而知。

(5)较大的落潮流造就了急、大、快的流速,从而导致船首尾无法保持平衡,进而使得铺排船排布上的连锁块由船首向船尾收缩。

### 3.4.8　施工方法改进措施

1)改进思路

结合常规深水铺排施工工艺技术,针对一般铺设连锁排的施工难点,本文提出了如下改进思路。

(1)在不改变排体结构,不增加铺设工人劳动时间、强度和不显著增加铺设成本的条件下,寻找解决排体横向收缩的最佳办法,以适应连锁排施工的技术要求,减少排体横向收缩,确保施工质量和控制成本。

(2)在不改变排体结构和不改进连锁块的系结方式条件下,在相邻连锁块间距内增加防缩排构件,使连锁块与防缩排构件共同形成一个柔性整体,并能明显减小排体收缩和适应河床起伏变化。

(3)根据软体排的特性及施工现场实际情况,合理设计构件的结构、尺寸和形状,并慎重选择防缩排构件材料,使防缩排构件具有结构简单、易预制、高强度、不侧滑、易镶嵌、易施工、成本低廉等特性,同时还能显著控制排体横向收缩。

2)改进措施

(1)通过采取在连锁块软体排横向增加防缩排构件的创新技术方案,使相邻横向连锁块与防缩排构件形成一个柔性整体,以适应深水区域连锁排施工的技术要求,减少潮汐对软体排横向收缩的影响,确保施工质量和控制成本。

(2)在不改变排体结构和不改进连锁块的系结方式条件下,在连锁块与加筋条的系结环进行绑系后,将防缩排构件镶嵌在连锁块的横向间隙中,并将连锁块的连接绳固定在防缩排构件的凹槽中,然后拧紧防缩排构件铁丝,使连锁块和防缩排构件形成整体,能适应较大地形变化和水流、潮汐、风浪冲击连锁排引起的横向收缩。

(3)根据施工现场实际情况,选择合理的移船速度和沉排速度,在连锁排施工过程中,铺排船的移船速度应缓慢、均匀。

3)结构设计步骤

防缩排构件对排体横向收缩取着决定性的作用,为了达到控制排体收缩目的,本文在设计中不断修改和完善。

(1)深入铺排现场调查施工情况。

(2)防缩排构件模具初型设计,并经课题小组审查,不断优化。

(3)防缩排构件模具制作,进行防缩排构件生产,生产过程中不断总结反馈施工情况,并依次继续进行模具优化。

## 3.5　铺排船船机设备改进研究

### 3.5.1　铺排船的船机组成部分

1)锚缆设施

一般情况下,沉排船必须具备六缆设备,如图 3-17 所示,即主缆以及左右边缆,在施工过程中，由于沉排船要随时根据数据进行位置调整，因此主锚抛设长度不少于550m，艏边缆与船舷夹角向船艉方向控制在80°左右，艉边缆倒后夹角控制在15°～300°，特殊情况最多不得大于45°。按此角度布缆，对于沉排船在绞移以及精确定位等过程中将十分方便于操作，同时也确保了排布在水下部分的安全系数，达到了排体按设计铺设的目的。

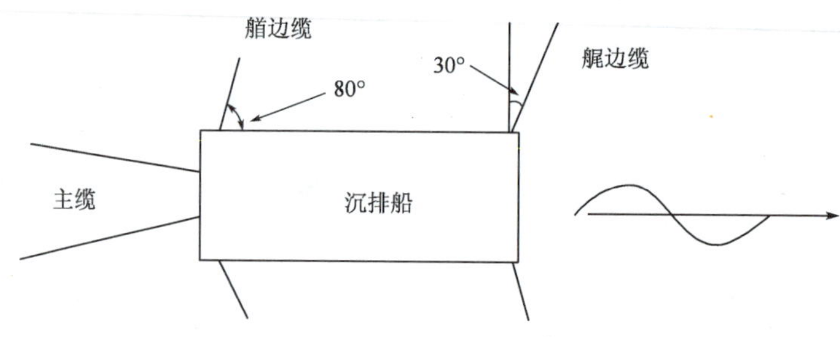


图3-17　锚缆平面位置

2）卷排及卡排装置

在开始沉排之前，将缝制好的排体卷捆吊到沉排船上的卷筒前的甲板上，用人工引出排头，穿尼龙绳连接，卷在沉排卷筒上，然后人工再进行系混凝土块排制作，当沉排船在进行横移的同时，卷筒松开，排布沿着船舷往江底缓慢下移，从而达到了护底的目的，若停止沉排时，则用卡排梁卡住排体，以防止软体排继续滑行。沉排示意图如图3-18所示。

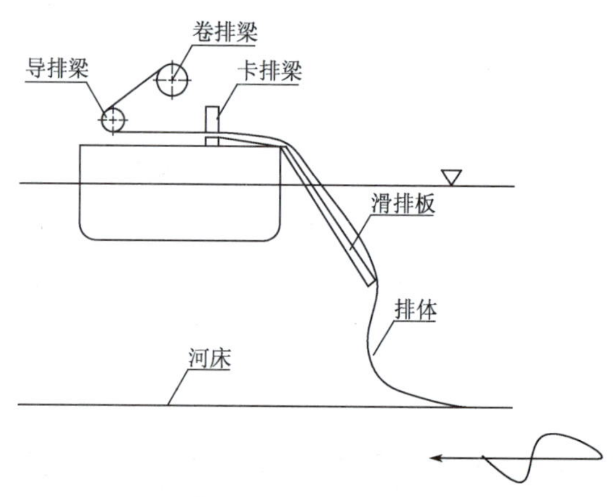


图3-18　沉排示意图

3）工作平台

在实施排体铺设之前，需要在一个足够大的工作平台上进行排体制作，绑系完一个平台以后，即绞移沉排船进行水下沉排施工。

4）滑板及排体牵引装置

为了使排体可以垂直沉放到江底，必须使用滑板引导软体排入水。同时，由于水下悬吊的排布受水流的冲击，如果排体上游侧没有牵引，那么排体受水流冲力作用将向下游移位，导致排布铺设不到位或者撕排、翻卷现象。最开始引入沉排施工时，还没有很好的方法进行解决，后来逐渐发展到用滑轮连接排布进行牵引，直至现在改用导槽进行牵引，在沉排效果方面也有了明显的提高。

### 3.5.2 铺排船重点部位受力分析

1)滑板受力分析

滑板是引导软体排下水的重要组成部分,在施工过程中,滑板一般与操作平台呈45°夹角,主要承受悬挂在水中软体排对其的拉力及滑板上混凝土块自有的重力。滑板受力如图3-19所示。

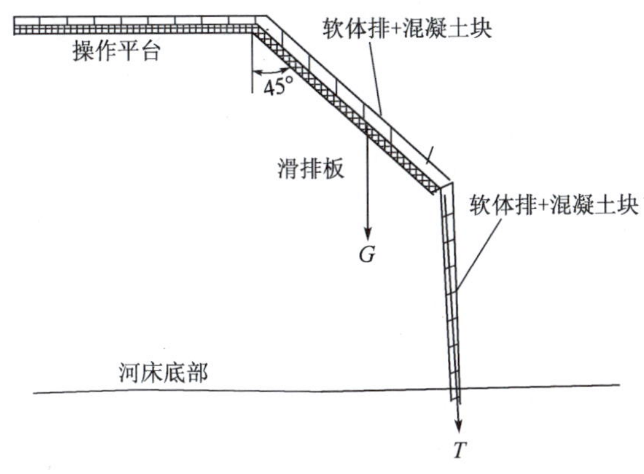


图3-19 滑板受力图

由经典力学知识及任何物体处于平衡力作用状态可知:

$$T' = G \times \sin 45^\circ + T + T_1$$

式中:$G$——滑排板上混凝土块的总重量;

$T$——悬挂在水中的混凝土块总重量;

$T_1$——滑板重量。

由于钢板体积较小,故可忽略河水对滑板浮力影响。根据该公式,可以算出任何时候排体在水下承受的拉力。

2)卡排梁受力分析

当每一次绞移完船以后,在平台上绑系混凝土块时,需将卡排梁卡住,以防止软体排滑动。在施工过程中,滑板一般与操作平台呈45°夹角,主要承受悬挂在水中软体排对其的拉力。卡排梁受力如图3-20所示。

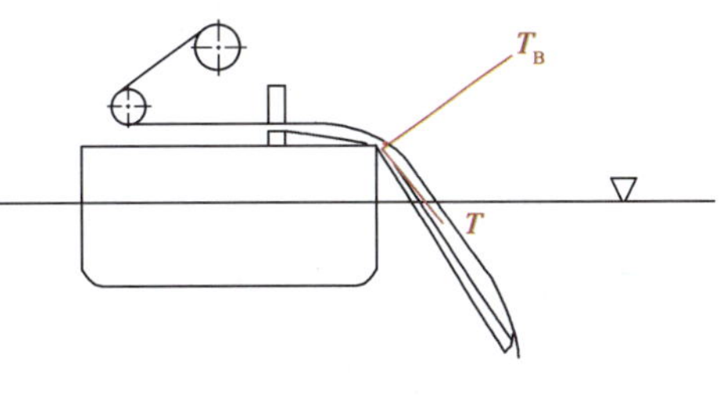


图3-20 卡排梁受力图

由经典力学知识及任何物体处于平衡力作用状态可知,由于卡排梁与铺排船水平面夹角较小,可以近似为:

$$T' = T_B$$

式中:$T_B$——软体排水上部分受力。

3)各锚缆受力分析

在进行沉排施工过程中,所有锚机设备均处于工作状态中,其中主锚受力最大,其次左边锚受力较大,右边锚受力较小。在施工过程中,根据锚机荷载确定其受力情况,同时辅助于测试试验进行分析。

### 3.5.3 船机设备改进

1)滑板改进

如果改进滑板,就必须增强滑板强度或减小滑板单位压力以便适应不同水深、流速等工况条件下施工。本改进从减小滑板单位压力进行探索,单位压力即压强,有压强公式:

$$P = \frac{F}{S} = \frac{G \times \sin 45^\circ + T + T_1}{S}$$

式中:$G$——滑排板上混凝土块的总重量;

$T$——悬挂在水中的混凝土块总重量;

$T_1$——滑板重量。

将上式展开,即:

$$P = \frac{G \times \sin 45^\circ}{S} + \frac{T}{S} + \frac{T_1}{S}$$

由于 $G \times \sin 45^\circ / S$ 和 $T_1/S$ 都为线下函数,且无法改变,而悬挂在水中的混凝土块总重量为定量(由于铺设施工时水深为定值,故 $T$ 为定值),即只有增大滑板面积(即 $S$),故将滑板延长至 9m 或 12m,甚至更长。

2)锚缆改进

根据本章前面试验采集锚缆受力信息,以及本节锚缆与铺排船的受力关系,可得到在深水施工时,锚缆需做以下改进,不同水深下船机锚缆配置规格见表 3-13。

不同水深下船机锚缆配置规格　　表 3-13

| 水深(m) | 锚机核对拉力(t) | | 缆绳直径规格(mm) | | 锚重(t) | 主机功能(kW) |
|---|---|---|---|---|---|---|
| | 主绞车 | 边绞车 | 主缆 | 边缆 | | |
| 22 | >20 | >16 | >36.5 | >28 | >3 | 412 |
| 40 | >25 | >20 | >42.5 | >36 | >3.5 | 500 |

3)放排与移动速度控制

在施工过程中,采取全自动沉排进行施工作业,根据现场情况分析和总结,移船速度与软体排松放比例控制在 1.15∶1,按照该比例可以确保沉排施工顺利进行,当确定好放排与移船速度的比例以后,将该数值输入自动化系统即可进行自控沉排。若发现水深过大导致排体受力较大时,适当对放排比例进行调整,确保排体安全,不出现拉断、撕裂现象。

# 第4章 铺排船智能控制技术研究

在长江流域修建导堤、丁坝、潜堤等整治建筑物,对现有堤坝进行护堤、护坡作业等是目前普遍应用的整治方法,配合该项工程开发了大量适应施工需求的专用工程船舶,如挖泥船、铺排船、抛石船等。这些工程船一般为非自航船舶,依靠锚泊系统实现移船,而且大多数是由其他船舶改装而来,自动化作业程度普遍比较低。施工作业中,船舶效能的充分发挥在很大程度上还依赖于操作人员的技能,设备利用率和生产效率都较低。船舶的移位和定位控制大都采用手动方式来实现,这要求操作者应具有相当丰富的工作经验,根据工程船的航向、航迹、风、浪、流作用力的方向和大小,来协调控制各锚缆的收放长度及速度,从而实现移船和定位,这种手动控制方式会不可避免地降低移船和定位精度。目前,长江航道整治工程均以工程投标的形式进行,施工作业的精度是考量工程质量的重要指标,也是整治工程成功与否的关键,而提高施工作业的速度将大大减少工程施工成本。长江沿线各航道局均在修建用于整治工程的各类工程船,拥有高自动化程度的工程船就意味着效益和成绩,因此研究锚泊移位型工程船舶智能控制系统,提高工程船施工作业精度、速度,有较强的实际应用价值。

目前,对于锚泊系统的研究主要分为工程设计和理论研究两个方面:在工程设计方面,主要研究锚泊线的组成材料、锚泊系统的展开/回收以及布置形式等;在理论研究方面,则主要研究环境载荷、锚泊线的静动力分析、锚泊系统与系泊浮体之间的动力响应等。相比动力定位系统而言,锚泊定位系统的研究成果相对较少,且大多侧重于理论分析与系统设计方面。从工程应用角度,要保证工程船舶的平行移船和移船过程中的动态定位,满足定位精度要求,以及自动化作业的功能要求,有必要对锚泊定位控制系统进行研究,其中船舶运动数学模型是船舶运动仿真与控制问题的核心。

## 4.1 铺排船设计简述

### 4.1.1 总体设计思路

铺排船是为适应长江航道整治建筑物维护施工的需要,满足在航道整治中对软质基础(沙质等)河床构筑物的要求,保证航道整治工程顺利进行,结合水域护坡、护底软体排铺设的要求进行设计的。总体设计需要具有一定技术科学性、设备先进性,充分体现当代科学化、自动化水平。因此,项目建设考虑科学发展,能最大限度地满足船舶技术性能优良、确保快速反应功能的发挥;符合相关规范规则的要求;技术可靠、先进;使用经济、环保;同时,需要遵循绿色、节能、可持续发展的理念。

铺排船作为航道工作船,应同时具备优良的稳性和耐波性。总布置方便使用、外形简洁,全船各类设备选型合理、符合节能、环保等要求。

### 4.1.2 总体设计要求

铺排船为钢质非自航工程船，船体为双底、单甲板结构，主要用于长江 A、B 级航区水域软基础(沙质等)河床上铺设软体排(软体排由土工布和混凝土块或混凝土连锁块组成)，并能进行快速调遣。本船施工区域为长江 A、B 级航区及遮蔽航区，作业水深为 1.5 ~ 20.0m，流速为 0 ~ 2.5m/s，气象条件为蒲氏 6 级风以下作业，蒲氏 8 级风调遣。其一次铺排宽度为 40m，连续放排长度 500m，铺排作业效率为 880$m^2$/h，铺排深度变化范围为 1.5 ~ 20m，最浅为 1.35m、最深可达 25m。

铺排船应优先考虑稳性要素，具备全天候性能，并具备较强的抗风浪能力、较好的安全性能。

### 4.1.3 船体部分

1)船型

铺排船为非自航工程船，主船体内设两道纵通舱壁，五道横舱壁。船体为双底、单甲板结构；铺排船铺设作业主要在甲板上进行，以功能区分，上甲板分为三大区域：艉锚泊(含甲板室)区、作业区、艏锚泊区。

2)总布置

(1)舱底上甲板以下从艉至艏布置有容缆绞车舱、轮机备件间、泵舱、辅机舱、压载舱、生活污水处理器舱、液压泵舱、燃油舱、空舱、淡水舱、容缆绞车舱、艏尖舱等。

(2)上甲板上甲板上分三大区域：艉锚泊(含甲板室)区、软体排制作及铺设作业区、艏锚泊区。

艉锚泊(含甲板室)区：艉部设置有 300kN 艉横移绞车一台(左舷)、300kN 艉主缆绞车两台、300kN 艉横移绞车一台(右舷)、电工间、电瓶间、工具间、油漆间、$CO_2$ 间、卫生间、储藏室。

软体排制作及铺设作业区：上甲板中部为铺排施工作业区，主要设置了 10t × 30m 起重机、5t × 20m 起重机、44m 活动翻板式滑板及滑板提升绞车两台、导轨、排头导槽、铺排卷扬系统。

艏锚泊区：上甲板艏部设置有 300kN 艏横移绞车一台(左舷)、300kN 艏主缆绞车两台、300kN 艏横移绞车一台(右舷)、瞭望平台(兼堆场)。

(3)第一甲板第一甲板主要布置了餐厅、厨房、2 个双人间、2 个四人间、卫生间、浴室。

(4)第二甲板第二甲板主要布置了会议室、1 个双人间、3 个单人间、卫生间、浴室、杂物间。

(5)第三甲板第三甲板布置了集中控制室、技术室、监理室、净水器间、卫生间。

3)结构形式

铺排船为双底、单甲板，双层底及甲板、舷侧采用纵骨架式船体结构，单底部分采用横骨架式结构，作业区下每隔 3 个肋位设置横向桁架，并设置 4 道纵向桁架。甲板室采用横骨架式。

### 4.1.4 船机部分

1)横向牵引导轨配置要求

(1)为适应不同水深沉排施工，要求横向牵引导轨能够根据不同水深安装不同长度的横向牵引导轨。

(2)导轨必须满足抗弯强度,建议采用箱梁结构加强。

(3)为拆装方便,导轨与翻板之间采用螺杆连接固定,且重量不宜过重。

2)锚机、锚、缆配置要求

(1)深水、大流速顺流沉排(水深小于 25m、流速小于 1.4m/s),排幅宽度为 40m 时绞车额定受力不小于 300kN,制动器负载不小于 750kN;锚重不小于 4.5t;绞车钢缆的抗拉强度应大于绞车额定受力 4 倍。

(2)浅水、小流速顺流沉排(水深小于 15m、流速小于 1m/s),排幅宽度为 22m 时,绞车额定受力不小于 100kN,制动器负载不小于 200kN,锚重不小于 2t,绞车纲缆的抗拉强度应大于绞车额定受力 4 倍。

3)铺排机构配置要求

铺排机构必须具有足够的抗扭、抗弯强度和刚度,其驱动机构必须提供足够的动力,保证其运转。由试验可知,当深水、大流速顺流沉排(水深小于 25m、流速小于 1.4m/s),排幅宽度为 40m 时,铺排机构的额定受力应大于 2500kN;当浅水、小流速顺流沉排(水深小于 15m、流速小于 1m/s),排幅宽度为 22m 时,铺排机构的额定受力应大于 1100kN。

### 4.1.5　铺排系统设计

1)铺排系统介绍

铺排船上最关键的部分是铺排系统,而铺排设备又是铺排系统中最重要的基础部分。铺排设备主要由翻板、吊架、卷筒及其驱动装置、导梁和各种专用绞车组成。结构示意图如图 4-1 所示。

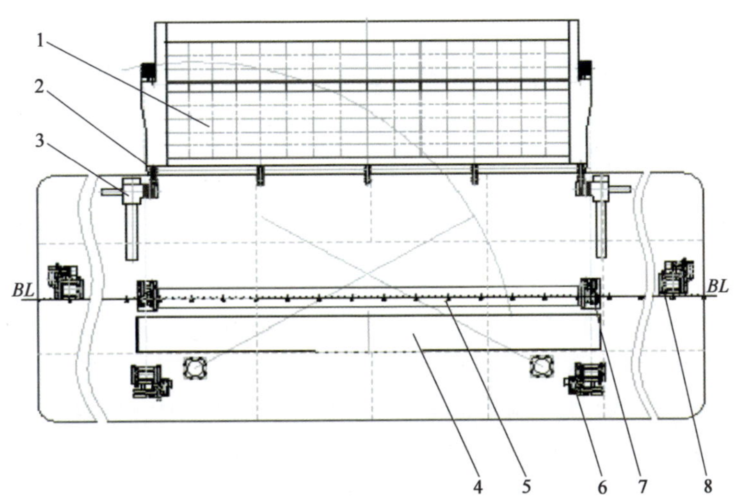


图 4-1　铺排系统设备布置图

1-翻板;2-绞座;3-吊架;4-导梁;5-卷筒;6-翻板绞车;7-卷筒驱动装置;8-拉排绞车

铺排系统的主要流程包括以下几项。首先,铺排船到达指定工作区域以后,由起重机将连锁块软体排(以下简称连锁排)从运输轮上吊至铺排船主甲板,再通过主卷筒自身动力转动裹起连锁排;然后由人工将连锁排从主卷筒拉出经过副卷筒后到达翻板(此时翻板水平放置），接着由绞车控制翻板缓慢放下，连锁排通过自身重力及锚泊系统的移船拉力到达河床，在水下达成铺设。需要注意的是，主卷筒是有动力控制转动的，而副卷筒仅仅是为了分担主卷筒的拉力，固定不转。在工作过程中，主卷筒需要通过动力控制连锁排的下落速度，配合船体移动速度才能达到最佳的铺设效果。翻板的起降系统由首尾两台绞车通过吊架控制，系统中仅由一根钢丝绳贯穿吊架、翻板再与首尾绞车相连，这样可以使翻板首尾的起吊速度尽可能相同。翻板在达到最大下放角度时，会通过翻板下方的撑杆撑住主船体，由于撑杆的存在，钢丝绳不再受力。

2）翻板结构设计

翻板的结构设计主要需要把握下面几个关键点。

（1）翻板结构必须保证一定的强度与刚度，这是基本点。

（2）由于翻板自身的重量较大，需要设计时考虑一定的预拱度。

（3）考虑到深水铺排作业时，翻板上悬挂载荷相当大，因此需在翻板中设置一定的额浮箱结构，用以产生一定的浮力，减轻铺排设备的受力情况。

（4）浮箱结构的设置要求在翻板水平放置时，翻板能够通过自重的作用安全下放。

（5）翻板的自重对船舶稳性影响较大，因此应控制在一个合理的范围之内。

（6）合理优化地选取翻板自重与浮箱体浮力之间的平衡点，浮力在自身重量的 60% ~ 90% 为宜。

（7）为满足深水大流速顺流沉排需要，在船舶其他性能允许的情况下，滑排板宽度应尽可能加宽，以保证沉排过程中对排体的有效支撑。

（8）滑排板应有足够的抗弯、抗扭强度，由试验可知，水下排布的纵向拉力对滑排板外边缘施加了很大弯曲外力。

3）吊架结构设计

吊架是通过焊接结构与船体相连的箱形梁结构，而并非耳板连接，要考虑到吊架的根部所受较大弯矩以及合理控制吊架自身重量，将吊架设计为梯形变截面结构，并局部做必要加强。吊架在铺排时所受的力根据排体产生的混合作用力的变化而发生变化。

4）卷筒结构的设计

为了计算卷筒受力最危险的状态，选取目前最常见、单位质量最大的混凝土连锁块软体排作为深水铺排受力分析对象。排体每平方米布置 4 块 480mm × 480mm × 120mm 的混凝土连锁块，根据实测每平方米排体质量达到 255kg，取水的密度为 1000kg/m$^3$，经计算得出每平方米排体在水中的质量 = 256.2 − 1000 × 0.12 = 135kg。

在实际的混凝土连锁片软体排铺设过程中，翻板翻出的角度为与水平面的夹角（20°），因此以下的计算按照此种状况计算，为了计算卷筒受力最危险的状态，计算按如下条件进行：

（1）翻板与水平面的夹角为 20°。

（2）翻板上放满绑扎好的连锁片软体排，但不入水，即不计及浮力。

（3）翻板存放软体排的长度为 8m。

（4）摩擦系数统一按照 0.3 计算。

（5）不计及局部凸起、开口等对摩擦系数的影响。

(6)主甲板上的软体排没有绑扎连锁片,即不计及由此产生的摩擦力。

(7)单张软体排宽度取目前铺排船最大铺排宽度 40m。

上述计算条件对卷筒受力计算而言,是卷筒受力最大的情况,比较符合实际情况,并比较保守。

5)导梁结构的设计

导梁与卷筒平行布置,为箱型结构,土工布由卷筒拉出后经导梁引向甲板。设置导梁的目的是减轻卷筒的载荷,当软体排拉力增大时,其与导梁的摩阻力亦随之增大,可保证排体均匀沉放及卷筒受力的稳定性。对导梁下方与土工布的接触面专门做了弧形设计,使土工布通过导梁曲面时,产生向两侧的水平力,从而可部分抵消软体排铺设过程中向内的收缩力,也减小了卷筒的受力,同时使土工布更贴近甲板,有利于砂肋和连锁块与排布的组装作业。

而将铺设的土工载荷及悬挂载荷直接作用于导梁结构上,因此导梁的剖面尺寸一般均比较大,同时考虑到铺排系统的土工载荷和悬挂载荷均较大,因此适当增大导梁结构的剖面尺寸,以获得更大的抗弯模数。导梁结构的校核主要考虑导梁上所受的土工布拉力,而此拉力包括土工载荷和悬挂载荷的作用力。校核导梁时,可将导梁按两端简支梁来计算,校核导梁的强度和刚度(校核过程略),结果均满足设计要求。

### 4.1.6　铺排船设计的关键技术总结

根据长江航道不同水文环境以及不同铺排作业需求,运用有限元分析法对现有铺排船的铺排系统主要受力设备进行受力分析,提出改善方案;并根据铺排船铺排作业工艺要求以及工艺特性甄选符合长江航道整治工程的铺排船船机设备和船型。针对以上关于铺排船铺排系统、船机设备以及船型选择的分析介绍,参照国内外铺排船的成功与失败经验,对铺排船结构设计总结如下:

(1)利用卷筒和倾角可调的翻板实现整张排体机械化、平稳地铺设作业。

(2)加强导梁、吊架以及船体相关部位强度,保证施工作业安全高效。

(3)普遍增强、增加了锚缆系统,增强抗风、浪能力。

(4)增加滑排板宽度,以增加排布水下依托有效长度。

(5)增加船体宽度,在保证稳定的前提下,最大限度地减少船舶吃水尺度。

(6)为保证施工质量,采用 DGPS 定位,定位、移船、铺排作业均实现集中控制。

(7)提高机械化、自动化程度,装置船载起重机、吸砂泵,以少量人工实现软体排快速组拼。

## 4.2　铺排船锚泊移位智能控制系统设计

### 4.2.1　铺排船锚泊移位系统

在长江流域修建导堤、丁坝、潜堤等整治建筑物,对现有堤坝进行护堤、护坡作业等是目前普遍应用的整治方法,配合该项工程开发了大量适应施工需求的专用工程船舶如挖泥船、铺排船、抛石船等,这些工程船一般为非自航船舶,依靠锚泊系统实现移船,而且大多数是由其他船舶改装而来,自动化作业程度普遍比较低。施工作业中,船舶效能的充分发挥在很大程度上还依赖于操作人员的技能，设备利用率和生产效率都较低。船舶的移位和定位控制大都采用手动方式来实现，这要求操作者应具有相当丰富的工作经验，根据工程船的航向、航迹、风、浪、流作用力的方向和大小，来协调控制各锚缆的收放长度及速度，从而实现移船和定位，这种手动控制方式会不可避免地降低移船和定位精度。

长江航道治理工程构筑于长江航道水下的导堤、丁坝、潜堤时，其主体结构堤身下都是用软体排进行护底。一般以机织布与无纺布针刺复合而成的土工布作为软体排的母材，既有足够的强度，又能达到较好的护底效果。软体排铺设船（以下简称铺排船）是为适应航道整治工程的需要，满足对软质基础河床构造建筑物的要求而设计的专用工程船舶。施工作业设备主要由锚泊移位系统（多台移船绞车）、卷筒机构、滑板机构和其他附属机构组成。其主要工程难点是如何将结构形式不同、平面尺寸极大的柔性排体在水下铺展就位，确保护底作业的施工质量。

对于许多工程船而言，并不是简单在锚地抛锚，而必须在规定的工地、规定的海况下进行抛锚或作业。同时，因其没有设置自航推进器，所以在施工区域内要满足移动船位就必须依靠本船各台锚机绞缆（或锚链），使船舶实现定位、移位作业。

铺排船锚泊移船定位系统如图4-2所示，艏艉锚缆沿水流方向伸展用于牵引船舶，艉左、艉右、艏左、艏右四台移船绞车执行“左收右放”动作，产生的合力拉动铺排船沿预定工作线方向移船，移船过程中卷筒转动下放软体排沿滑板入水着落河床。为保证两块软体排的搭接宽度，船舶在锚泊移位系统作用下沿船纵轴线方向的纵向位移，是衡量施工精度的主要指标。

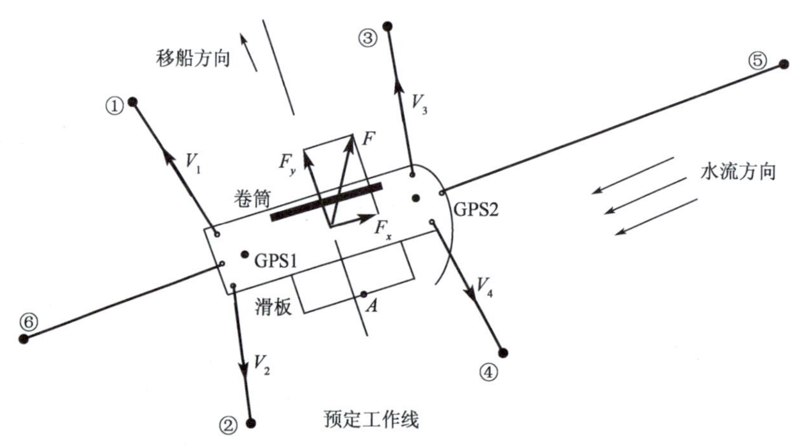


图4-2　软体铺排船锚泊系统示意图

目前，对于锚泊系统的研究主要分为工程设计和理论研究两个方面：在工程设计方面，主要研究锚泊线的组成材料、锚泊系统的展开/回收以及布置形式等；在理论研究方面，则主要研究环境载荷、锚泊线的静动力分析、锚泊系统与系泊浮体之间的动力响应等。相比动力定位系统而言，锚泊定位系统的研究成果相对较少，且大多侧重于理论分析与系统设计方面。

从工程应用角度，要保证工程船舶的平行移船和移船过程中的动态定位，满足定位精度要求，以及自动化作业的功能要求，有必要对锚泊定位控制系统进行研究，其中船舶运动数学模型是船舶运动仿真与控制问题的核心。

### 4.2.2 基于神经网络与粒子群优化的铺排船移船绞车系统建模

船舶运动数学模型是船舶运动仿真与控制问题的核心。它的研究起始于20世纪30年代,但它的真正兴起是在60年代,当时出现了超大型邮轮,为了揭示其异常操纵特性及适应开发高性能的船舶操纵模拟器的需要,船舶运动数学模型的研究获得了飞速的发展。20世纪70年代末80年代初,由于研制先进的船舶航向、航迹控制器的需要,现代控制理论及系统辨识技术开始应用于船舶模型研究中。

目前,在自航船舶操纵控制研究中,根据研究目标不同普遍采用的有二维船舶运动模型、三维非线性船舶运动模型、四维非线性船舶运动模型、六维船舶运动模型、Nomoto模型、非线性Benchand Smitt模型等。为了分析船舶航行过程中风、水流等环境因素的影响,也建立了一些风、浪影响模型供仿真研究应用。

对于锚泊移位型工程船舶,由于其锚泊系统的复杂性,目前还没有较成熟的运动模型用于研究其运动控制。

1)基于回归神经网络的工程船位移模型

前馈神经网络具有逼近任意连续非线性函数的能力,但这种网络结构一般都是静态的,而非线性动态系统具有动态特性,这恰恰是BP神经网络等多层前馈网络所缺乏的,即使利用其对动态系统进行辨识控制,也是将动态时间的建模问题转化为一个静态空间的建模问题。

前向回归神经网络与静态前馈型神经网络不同,将前馈网络的隐层节点或输出节点上的值反馈到前一层节点上或者在本层节点上进行自反馈。反馈网络通过存储内部状态,使其具备映射动态特征的功能,从而使系统具有适应时变特性能力,由此克服一般多层前馈网络在系统辨识控制中存在的问题。在前向回归神经网络中,Elman网络结构简单、运算量小,更适合于非线性动态系统辨识。

采用如图4-3所示的Elman网络结构建立该工程船位移模型。辨识模型采用串并联结构,即将被控对象的输入输出数据样本作为反馈网络的输入,利用学习算法不断减小网络模型输出与被控对象输出的差值,最终实现对锚泊移位系统模型的逼近。

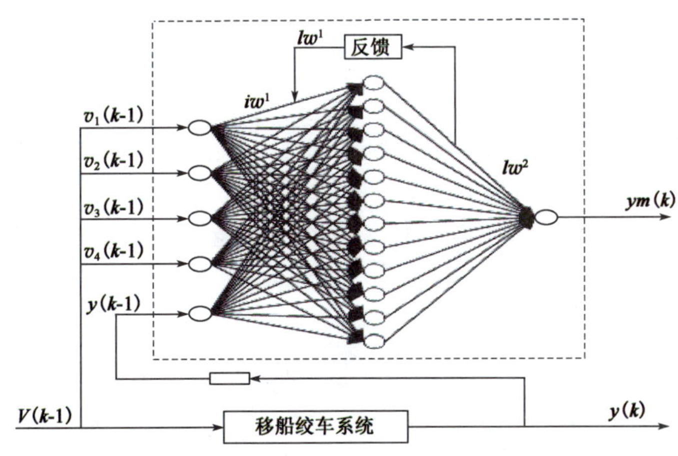


图4-3 铺排船移船绞车系统多层回归神经网络辨识模型结构

整个网络结构分为三层:输入层、隐含层和输出层:

(1)输入层设置5个神经元 $x_i$。

$V(k-1)=[v_1(k-1),v_2(k-1),v_3(k-1),v_4(k-1)]$——$k-1$ 时刻艉左、艉右、艏左、艏右四台移船绞车收放缆速度给定 $x_i(k)$,$i=1,2,3,4$。

$x_5(k)=y(k-1)$——$k-1$ 时刻的船舶纵向位移。

(2)隐含层设置12个神经元,第 $j$ 个神经元在时刻 $k$ 的输入为:

$$\mathrm{net}_j(k)=\sum_{i=1}^{5}iw_{ij}^{1}x_i(k)+\sum_{c=1}^{12}lw_{jc}^{1}\mathrm{out}_c(k-1),j=1,2,\cdots,12 \tag{4-1}$$

式中: $iw_{ij}^{1}$——隐含层第 $j$ 个神经元与输入层第 $i$ 个神经元之间的连接权函数,$i=1,2,3,4$;

$lw_{jc}^{1}$——隐含层第 $j$ 个神经元与第 $c$ 个反馈节点间的连接权函数,$c=1,2,\cdots,12$;

$\mathrm{out}_c(k-1)$——隐含层第 $c$ 个神经元在时刻 $k-1$ 的输出,同时也是第 $c$ 个反馈节点在时刻 $k$ 的输入,$c=1,2,\cdots,12$。

第 $j$ 个神经元在时刻 $k$ 的输出为:

$$\mathrm{out}_c(k)=f(\mathrm{net}_j(k)-b_j^1),j=1,2,\cdots,12 \tag{4-2}$$

式中:$b_j^1$——隐含层第 $j$ 个神经元的阈值;

$f(\cdot)$——隐含层神经元的激励函数。

(3)输出层设置1个神经元,$y_m(k)$ 为当前时刻船舶纵向位移。

设输出层的激励函数 $g(\cdot)$ 为线性函数且 $g(z)=z$,则在时刻 $k$ 的系统输出:

$$y_m(k)=\sum_{j=1}^{12}lw_j^2\mathrm{out}_j(k)+b^2 \tag{4-3}$$

式中:$lw_j^2$——隐含层第 $j$ 个神经元与输出层神经元之间的连接权函数;

$b^2$——输出层神经元的阈值。

以 MATLAB 7.0 软件为仿真研究平台,利用 Matlab 神经网络工具箱中的函数 newelm 建立 Elm 网络并进行初始化,关键语句如下:

```
net = newelm(PR,[12,1],{'logsig','purelin'},'trainlm');
```

式中:PR——一个 5×2 的矩阵,记录输入向量样本的最小值和最大值;

'logsig'——网络隐含层采用对数S型函数;

'purelin'——网络输出层采用线性激活函数;

'trainlm'——网络学习训练采用 L-M 算法。

采用2.4.2同样的训练样本和检验样本测试,其神经网络的参数如下:

隐含层神经元

权值矩阵 $iw^1$ = [0.0007 0.0012 0.0015 0.0011 −0.4408

−0.0851 −0.0167 −0.0757 −0.0004 −0.2308

0.0002 0.0003 0.0002 0.0001 −1.1220

−0.0002 0.0002 0.0003 0.0001 1.1757

$$
\begin{matrix}
-0.0014 & 0.0005 & 0.0006 & -0.0005 & 0.0553 \\
0.0003 & -0.0005 & 0.0010 & 0.0011 & -0.8830 \\
0.0003 & -0.0001 & 0.0021 & 0.0031 & 2.3103 \\
0.0003 & 0.0004 & 0.0008 & 0.0007 & 0.9071 \\
0.0001 & 0.0002 & -0.0009 & -0.0005 & 0.8022 \\
0.0002 & 0.0002 & -0.0004 & -0.0008 & 1.3981 \\
0.0011 & -0.0007 & -0.0071 & -0.0077 & 1.4368 \\
-0.0008 & 0.0003 & -0.0009 & -0.0030 & -0.3922]
\end{matrix}
$$

阀值矩阵 $b^1$ = [1.1226, -1.1523, 1.7969, -0.7088, -1.7326, 3.3559, 4.3746, -0.5420, -2.9719, 3.4534, 4.9221, 0.5918]

输出层神经元

权值矩阵 $iw^2$ = [0.0080, 0.8169, -0.4407, 0.1256, -0.0505, -0.0268, 0.1619, 0.6923, 0.0549, 0.2847, 0.0611, 0.0753]

阀值矩阵 $b^2$ = [-0.3073]

神经模型网络输出结果如图 4-4 所示(红色线条为样本数据,蓝色线条为网络输出),位移模型网络输出相对训练样本的均方误差值 mse = 0.0024,相对检验样本的均方误差值 mse = 0.0036。

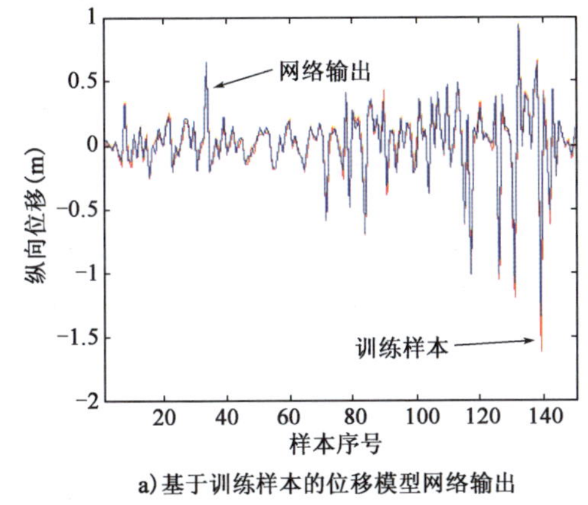


a)基于训练样本的位移模型网络输出

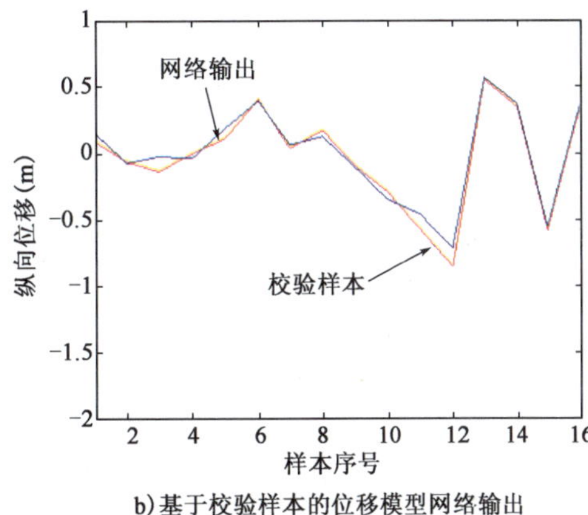


b)基于校验样本的位移模型网络输出

图 4-4　基于 Elman 神经网络的位移模型网络输出结果

2)基于粒子群优化的工程船位移模型

(1)粒子群优化算法。

PSO 是在 1995 年由美国社会心理学家 James Kennedy 和电气工程师 Russe Eberhart 共同提出的,其基本思想是受他们早期对鸟类群体行为研究结果的启发,并利用了生物学家 Frank Heppner 的生物群体模型。与其他进化类算法相类似,也是用“群体”与“进化”的概念,同样也是依据个体(微粒)的目标函数值大小进行操作。区别在于,微粒群算法将每个个体看作是在维搜索空间中的一个无重量无体积的微粒,并在搜索空间中以一定的速度飞行,飞行速度由个体的飞行经验和群体的飞行经验进行动态调整。目前,有关 PSO 算法的研究大多以带惯性权重的 PSO 算法为基础进行扩展和改进,为此将带惯性权重的 PSO 算法称为标准 PSO 算法。

设微粒群粒子总数为 $N$,每个粒子的维数为 $d$,$X_i=(X_{i1},X_{i2},\cdots,X_{id})$ 和 $V_i=(V_{i1},V_{i2},\cdots,V_{id})$ 分别为粒子的当前位置以及当前飞行速度,粒子 $i$ 所经历的最好位置为 $P_i=(P_{i1},P_{i2},\cdots,P_{id})$,也就是粒子 $i$ 所经历的具有最好适应值的位置,即个体最好位置(pbest)。$P_g=(P_{g1},P_{g2},\cdots,P_{gd})$ 为粒子群中所有粒子经历的最佳位置(gbest)(ghest 是 pbest 中的最好值)。则标准 PSO 算法的进化方程为:

$$V_{id}^{n+1}=wV_{id}^{n}+c_1r_1^n(P_{id}^n-X_{id}^n)+c_2r_2^n(P_{gd}^n-X_{id}^n) \tag{4-4}$$

$$X_{id}^{n+1}=X_{id}^{n}+V_{id}^{n} \tag{4-5}$$

式中:$w$——惯性权重,可以是固定值,也可以是线性变化的;

$c_1$ 和 $c_2$——待定常数,通常在(0,2)范围内取值;

$r_1$ 和 $r_2$——两个独立的随机数。

式(4-4)第一部分称为记忆项,表示上次速度大小和方向的影响;第二部分称为自身认知项,表示粒子的动作来源于自己经验的部分;第三部分称为群体认知项,反映了粒子间的协同合作和知识共享。

在标准 PSO 粒子群系统中还存在一个最大的缺点,那就是粒子的收敛是以轨道的形式实现,并且粒子的速度总是有限的,因此在搜索过程中粒子的搜索空间是一个有限的区域,不能覆盖整个可行的空间,所以标准 PSO 算法并不能保证收敛到全局最优解,而可能停留在最优解附近的一个地方,却无法跳跃过来。

(2)量子粒子群优化算法。

2004 年,Sun 等人从量子力学的角度出发提出了一种新的 PSO 算法模型对标准 PSO 进行改进。这种模型以 DELTA 势阱为基础,认为粒子具有量子行为,并根据这种模型提出了基于量子行为的粒子群优化算法 QPSO。在量子空间中,粒子在整个可行解空间中进行搜索,因而 QPSO 算法的全局搜索性能远远优于标准 PSO 算法。QPSO 算法利用波函数 $\varphi(x,t)$ 来描述粒子的状态,并通过求解薛定愕方程得到粒子在空间某一点出现的概率密度函数,再通过 MonteCarlo 随机模拟得到粒子的位置方程为:

$$X(t)=P\pm L\frac{\ln(1/u)}{2} \tag{4-6}$$

式中:$u$——在[0,1]服从均匀分布的随机数;

$L$——由式 $L(t+1)=2\beta|m\text{best}-X(t)|$ 确定。

最后得到 QPSO 算法的进化方程为:

$$m\text{best}=(1/M)\sum_{i=1}^{M}P_i=\left[(1/M)\sum_{i=1}^{M}P_{i1},(1/M)\sum_{i=1}^{M}P_{i2},\cdots,(1/M)\sum_{i=1}^{M}P_{id}\right] \tag{4-7}$$

$$P_{id}=\varphi\times P_{id}+(1-\varphi)\times P_{gd} \tag{4-8}$$

$$X_{id}(t+1)=P_{id}\pm\beta\times|\text{mbest}_d-X_{id}(t)|\times\ln(1/u) \tag{4-9}$$

式中:$M$——种群中粒子的数目;

$u$ 和 $\varphi$——在[0,1]上均匀分布的随机数;

$m$best——种群中所有粒子的平均最好位置点。

和标准 PSO 一样,$P_i$ 和 $P_g$ 分别表示粒子所经历的最好位置和种群中所有粒子所经历的最好位置。$\beta$ 称为收缩扩张系数,是 QPSO 唯一的参数,一般:

$$\beta = (1.0 - 5.0) \times \frac{\text{Maxiter} - t}{\text{Maxiter}} + 0.5 \tag{4-10}$$

(3)量子粒子群优化算法 TPHQPSO。

综合考虑量子粒子群算法的收敛速度以及全局寻优能力,将公共历史最优取代粒子自身最优的思想与多种群并行搜索策略结合,设计了基于公共历史的两种群并行搜索的量子粒子群算法(TPHQPSO 算法)。算法中,以粒子群公共历史最优取代粒子自身历史最优,让粒子跟随公共历史最优进化,加快粒子群的收敛速度,并让两个种群同时搜索,实时计算两个种群最优位置的距离,在即将两种群同时陷入同一个位置时,对其中一个进行柯西变异分离两组粒子的搜索区域。在搜索过程中,对适应度最优的粒子进行变异,即可加快粒子群的收敛速度又可对当前最优位置进行细微搜索。

①两种群并行搜索防止陷入局部极值。

量子粒子群优化算法在搜索过程中,虽然具有更多的随机状态,但是当某一粒子发现了一个局部最优位置,而其他粒子在向其靠拢的过程中,如果没有发现比该局部最优位置好的位置,该算法也将陷入局部最优。在解决该问题方面,很多学者提出了各种变异的策略,当粒子群收敛到一定程度,让粒子群以各种状态重新分布,以搜索比当前最优位置更好的结果。这种变异的策略在解决一些问题方面起到了较好的效果,但是在解决类似多维复杂函数的问题,尤其是当局部最优距离全局最优较远的情况,仅靠以一定概率的重新分布寻找比当前局部最优较好的位置以跳出当前局部最优,其效果并不理想。虽然陷入局部最优是群智能算法固有的缺点,但应尽量避免出现该情况。在跳出局部最优方面,多种群的搜索策略远远优于单个种群,只要 $n$ 个种群没有任何两个陷入同一个位置,其陷入局部的概率将小于单个种群的 $1/n^2$。但是,多个种群的并行搜索将耗费较多的运行时间。

②算法流程。

TPHQPSO 算法的流程如下:

A. 初始化两个种群中 $M$ 个粒子的位置向量,并计算各个粒子的适应度。

B. 对两组粒子群按适应度进行降序排序,并给 $p_i$ 及 $x_i$ 赋初值。

C. 创造收缩扩张系数 $\beta$,使其值的迭代次数从 1.0 到 0.5 线性递减。

D. 根据前 $N$ 个 $p_i$(共 $M$ 个)计算 $m$best。

E. 根据 QPSO 迭代公式(式 4-8、式 4-9),刷新粒子。

F. 对粒子群进化后的粒子按照适应度进行降序排序,取前 $N$ 个粒子进入下一代。

G. 计算两个种群最优位置 $p_i$ 之间的距离,如果小于 $c$,则将第二个种群的 $p_i$ 进行柯西变异。

H. 对 $g$best 进行变异,取变异后的 $M-N$ 个粒子进入下一代,并对下一代 $M$ 个粒子进行排序。

I. 依次考察下一代粒子的适应度,如果其值优于某个 $p_i$,则将其插入到已经按照降序排列的 $p_i$ 中去,使 $p_i$ 始终为 $M$ 个历史最优位置。

J. 比较两种群的最优值跟 $P_g$ 的大小,更新 $P_g$。如果没有达到结束条件,则返回 d,否则结束。

利用 QPSO 改进算法对铺排船锚泊移位系统反馈神经网络模型进行优化训练,即利用 QPSO 改进算法对网络权值和阀值进行优化训练,使其网络输出误差最小。

如前所述,该神经网络模型为一个 4-12-1 的三层 Elman 神经网络,共有 $(5+1+12)\times12$ 个权值和 13 个阀值,故选取寻优参数 $\theta=[IW^1,LW^1,LW^2,B^1,B^2]$,包含 229 个元素。设 $i=1,2,3,4,5,j=1,2,\cdots,12$,则寻优参数定义为:

$IW^1$——$5\times12$ 个权值元素,$iw_{ij}^1$ 表示第 $i$ 个输入神经元到第 $j$ 个隐层神经元的权值;

$LW^1$——$12\times12$ 个权值元素,$lw_{jc}^1$ 表示第 $c$ 个隐层神经元反馈至第 $j$ 个隐层神经元的权值,$c=1,2,\cdots,12$,;

$LW^2=[lw_1^2,lw_2^2,\cdots,lw_{12}^2]$——12 个权值元素,$lw_j^2$ 表示第 $j$ 个隐层神经元到输出神经元的权值;

$B^1=[b_1^2,b_2^2,\cdots,b_{12}^2]$——12 个权值元素,$b_j^1$ 表示第 $j$ 个隐层神经元的阈值;

$B^2=b^2$——1 个阈值元素,$b^2$ 表示输出神经元的阀值。

适应度函数 $f(x_i)$ 取模型网络输出误差的均方差,即

$$f(x_i)=\frac{1}{S}\sum_{k=1}^{S}\{[y^k-y_m^k(x_i)]^2\} \tag{4-11}$$

式中:$y^k$——输出样本值;

$y_m^k$——模型网络输出值;

$S$——样本对数量。

寻优目标为适应度函数的最小值。采用同样的训练样本和检验样本测试,采用 PHQPSO 算法进行神经网络模型优化。

初始 PHQPSO 算法参数设置:种群规模 $M=50$,收缩扩张系数 $\beta=(0.9-0.7)/1000$ 线性减小,寻优空间维数 $D=229$,最大迭代次数为 200 次。变异进化粒子数 $N=4\times M/5=40$。经 PHQPSO 优化后的系统模型输出结果如图 4-5 所示,红色线条为样本数据,蓝色线条为网络输出。

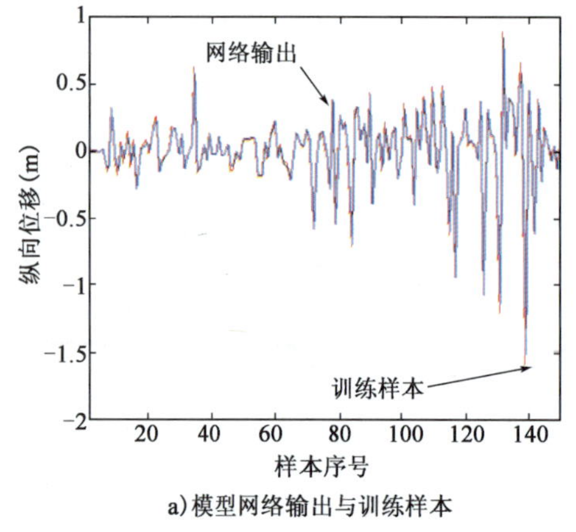

a)模型网络输出与训练样本

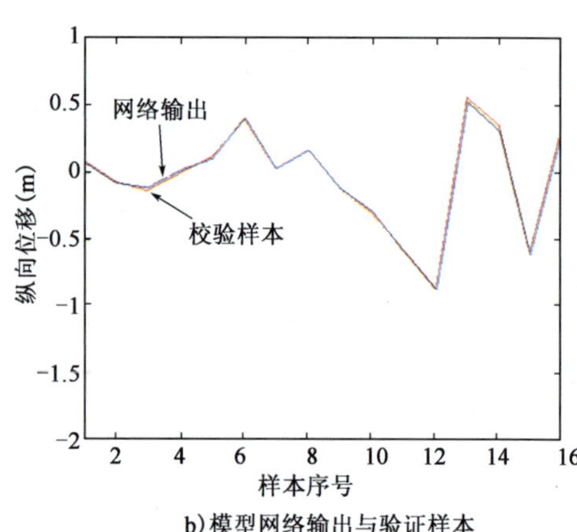

b)模型网络输出与验证样本

图 4-5 基于改进的 QPSO 算法训练优化的位移模型输出结果

经 QPSO 改进算法训练优化后的神经网络参数如下：

隐含层神经元权值矩阵

$$iw^1 = \begin{bmatrix} -0.0695 & -0.1905 & -0.0356 & 0.0536 & -0.5196 \\ -0.1157 & 0.0318 & -0.1080 & -0.0444 & 0.0206 \\ 0.0001 & -0.0001 & -0.0005 & -0.0008 & -0.4356 \\ -0.0019 & -0.0034 & -0.0001 & 0.0007 & -0.3788 \\ -0.0001 & 0.0044 & -0.0244 & -0.0354 & -1.2925 \\ 0.0027 & 0.0025 & 0.0049 & 0.0063 & 0.6370 \\ -0.0004 & 0.0000 & -0.0009 & -0.0017 & 0.0055 \\ -0.0002 & 0.0072 & 0.0167 & 0.0136 & 0.2747 \\ -0.0013 & -0.0005 & 0.0081 & 0.0098 & -0.7156 \\ -0.0001 & -0.0000 & 0.0001 & 0.0001 & -0.6268 \\ -0.0001 & -0.0001 & -0.0001 & -0.0002 & 0.3390 \\ 0.0027 & 0.0025 & -0.0037 & -0.0026 & -0.3638 \end{bmatrix}$$

阀值矩阵 $b^1 = [-2.4887, 0.9663, 2.7787, -5.1919, 1.3988, 2.8836, -0.7315, 1.5721, -6.1430, -1.1350, 0.6997, -0.4923]$

输出层神经元

权值矩阵 $iw^2 = [0.0005, 0.0102, -0.4822, 0.0071, 0.0152, 0.0433, 0.1189, -0.0052, -0.0078, -1.0037, 0.5855, 0.0039]$

阀值矩阵 $b^2 = [-0.2371]$

采用前馈、反馈及优化的反馈神经网络建立的工程船锚泊移位系统神经网络模型，实际网络输出与输出样本的 MSE 误差值如表 4-1 所示。

**优化前后神经网络模型网络输出误差表** 表 4-1

| 项 目 | 神经网络模型网络输出误差(MSE) | |
|---|---|---|
| 神经网络模型 | Elman 反馈神经网络 | 优化的 Elman 反馈神经网络 |
| 训练样本(150 对) | 0.0026 | $5.8511 \times 10^{-4}$ |
| 检验样本(16 对) | 0.0034 | $2.6182 \times 10^{-4}$ |
| 总样本(166 对) | 0.0027 | $5.5395 \times 10^{-4}$ |

从以上优化仿真结果可以看出，经量子粒子群优化的反馈型工程船移位模型，无论是非线性拟合精度还是网络泛化能力都有较大程度改善，因而选用经 QPSO 改进算法训练优化的神经网络模型作为工程船控制系统设计的对象模型。

### 4.2.3 基于模糊逻辑和粒子群优化的铺排船航迹保持控制系统设计

工程船舶在施工过程中，要求沿预定的航迹移船，即在锚泊移船过程中保持航迹。若航迹偏差超出工程要求的精度范围，则会给施工工程造成严重的后果。关于自航船舶航迹保持控制器的设计，最早采用的是 PID 控制算法，随着智能控制技术的快速发展，已经有很多船舶智能航迹保持器控制方面的模型。对于非自航锚泊船而言,完全依靠多人同时手动控制多台绞车收放缆来实现移船,航迹保持根本无从谈起。因此,设计工程船航迹保持控制器,由此构成移船自动控制系统,提高施工精度和速度是提升工程船自动化水平、保证工程施工质量的重要举措。

1965 年,美国加利福尼亚大学扎德(Zadeh L. A.)教授提出了用模糊集合(Fuzzy Sets)描述事物的方法。1974 年,英国的马丹尼(Mamdani E. H.)首次把模糊集合理论用于锅炉和蒸汽机的控制,取得了很好的效果,开创了模糊控制理论与实际应用的结合。模糊控制逐步发展成颇具吸引力又富有成果的研究领域。从应用角度看,模糊控制主要是为了克服由于过程本身的不确定性、不精确性及噪声带来的困难,因而在处理复杂系统的大时滞、时变及非线性方面,显示出它的优越性。

1)铺排船航迹保持基础模糊控制器设计

软体铺排船在施工过程中要沿预定工作线移船,即理想状态下纵向位移保持为零。在无任何先验知识的情况下,航迹保持器的设计主要依靠总结人工操作经验。熟练的操作人员能够灵活而有效地完成各种复杂的生产任务,凭借的是他们日积月累的丰富经验。因此,希望把这些经验指导下的行为过程总结成一些规则,并根据这些规则设计出控制器。由于人的经验一般是用自然语言描述的,因此,基于经验的规则也只能是语言的、模糊的。运用模糊集合论、模糊语言变量及模糊逻辑推理的知识,可以把这些模糊的语言性规则上升为数值运算,从而利用计算机来完成对这些规则的具体实现,达到以机器代替人对某些对象或过程进行自动控制的目的。

由于工程船运动的复杂性,采用开环控制系统无法保证动作精度。为有效消除航迹偏差,同时保证控制系统输出响应的动静态性能指标,因而利用船位检测系统将系统航迹输出反馈至系统输入端,与预定航迹的偏差作为控制器输入。

工程船航迹保持闭环控制系统主要由船体、移船绞车机构和模糊控制器组成,后续讨论中将锚泊绞车系统和船体一起称为锚泊移位系统,如图 4-6 所示。图中航迹输出为移船机构的纵向位移,由船位检测系统测得的船舶实时坐标位置转换而来。模糊控制器给出合适的控制量——绞车速度给定 $V$,从而产生合力 $F$,使船舶沿给定航迹移船施工。

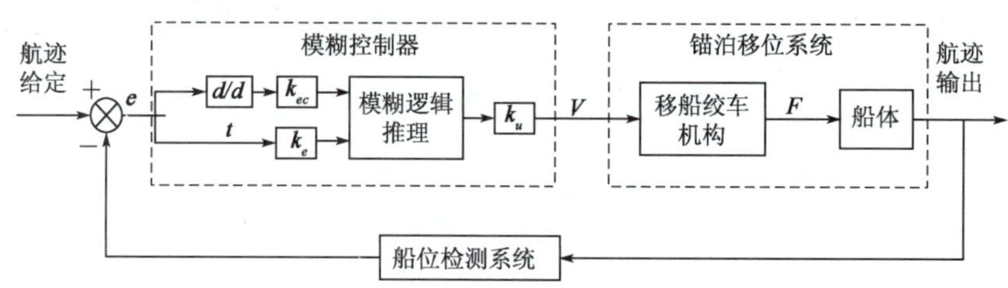


图 4-6　工程船舶航迹控制系统框图

2)模糊控制器的设计

模糊控制器的设计主要有三个部分:模糊控制规则、隶属函数和控制器输入输出规范化的比例因子。

(1)确定输入输出量。

模糊控制器选用普遍采用的二维模糊控制器,用航迹偏差和航迹偏差变化率作为它的

2 个输入语言变量，即 $X = [e, ec]^T$。控制器的输出为锚绞车收放缆速度控制信号 $V = [v_1, v_2, v_3, v_4]^T$，$v_1 \sim v_4$ 分别对应艉左、艉右、艏左、艏右 4 台锚绞车的收放缆速度。移船施工过程中 4 锚基本成对称分布，艉左、艏左 2 台锚绞车收缆，艉右、艏右 2 台锚绞车放缆。理想状态下放缆速度等于收缆速度，即 $v_2 = -v_1$、$v_4 = -v_3$，收缆速度给定为正值，放缆速度给定为负值。实际施工过程中放缆速度略小于收缆速度，以保证船舶处于缆绳张紧状态。施工过程中最大移船速度 $v_{max} \leqslant 5\text{m/min}$，设置移船基速 $v_0 \leqslant v_{max}$，则：

$$\begin{cases} v_1 = k_1 v_0 \\ v_2 = -k_2 v_1 = -k_2 k_1 v_0 \\ v_3 = k_3 v_0 \\ v_4 = -k_4 v_3 = -k_4 k_3 v_0 \end{cases} \tag{4-12}$$

式中：取 $k_2 = k_4 = 0.8$ 为收放缆速度比例系数。为简化模糊控制器，取艉左、艏左 2 台移船绞车的收缆速度给定系数为模糊控制器的输出，即 $U = [k_1, k_3]$。

2 个输入语言变量均选用 5 个模糊集作为它们的语言值，即{负大(NB)，负小(NS)，零(ZE)，正小(PS)，正大(PB)}。根据施工精度要求 ±1.5m，$e$ 的变化范围为$[-1.5, 1.5]$，设置其模糊集合的论域 $X_e = [-1.5, 1.5]$，比例因子 $k_e = 1$。因为绞车驱动系统为液压驱动，比例阀的动作频率不能高于 12 次/min，故取采样频率 $h = 5\text{s}$。误差的变化率 $ec$ 的变化范围为$[-0.5, 0.5]$，设置 $ec$ 的模糊集合的论域 $X_{ec} = [-0.5, 0.5]$，比例因子 $k_{ec} = 1$。

$U$ 的变化范围为$[0, 1]$，利用式(4-12)计算 4 台移船绞车速度给定值，经 PLC 控制系统送至绞车收放缆执行机构。速度给定值需经过 PLC 程序的量程转换，因此输出比例因子 $k_u = 5529.6$。

(2)选择隶属函数。

输入变量 $e$ 和 $ec$ 语言值的隶属函数都采用高斯型函数形式，即：

$$\mu(x) = e^{-\frac{(x-c)^2}{2\sigma^2}} \tag{4-13}$$

高斯型隶属函数有两个特征参数 $\sigma$ 和 $c$，分别表示高斯曲线的宽度和中心点。$\sigma$ 的大小直接影响隶属函数曲线的形状，而隶属函数曲线的形状不同会导致不同的控制特性。根据手动施工经验，两输入变量各模糊子集的隶属函数的形状和分布如图 4-7 所示，各参数值如表 4-2 所示。

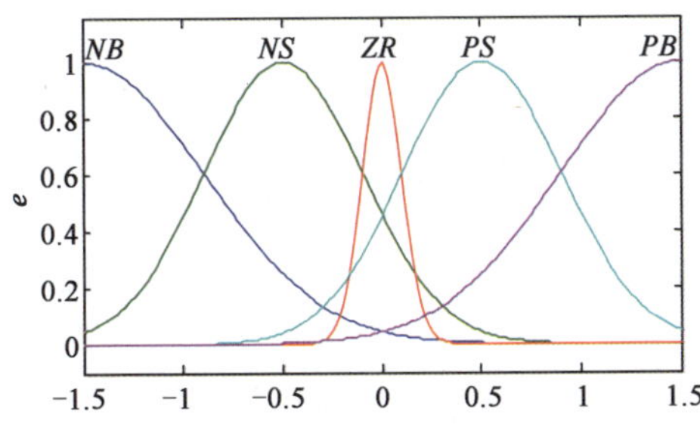


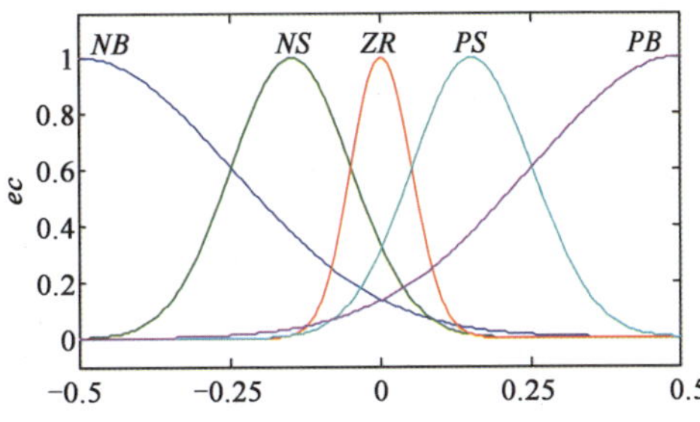


图 4-7　$e$ 和 $ec$ 的隶属函数曲线

如图 4-7 所示，外层分挡较大，以得到快速动态响应；内层分挡变细，以获得较好的稳态性能，并达到较高的稳态精度。

**$e$ 和 $ec$ 的隶属函数参数表** 表 4-2

| 模糊分级 | | NB | NS | ZR | PS | PB |
|---|---|---|---|---|---|---|
| $e$ | $\sigma$ | 0.6 | 0.4 | 0.1 | 0.4 | 0.6 |
| | $e$ | -1.5 | -0.5 | 0 | 0.5 | 1.5 |
| $ec$ | $\sigma$ | 0.25 | 0.1 | 0.05 | 0.1 | 0.25 |
| | $c$ | -0.5 | -0.15 | 0 | 0.15 | 0.5 |

(3)设计控制规则。

模糊控制规则反映了当前航迹偏差情况下，四台移船绞车的协调控制规律。总结施工过程中移船操作人员的经验并经人工修正，可达到如下 25 条语言规则：

$R_1$：IF $e$ is NB and $ec$ is NB，则 $k_1=1$ and $k_3=0.6$；

$R_2$：IF $e$ is NB and $ec$ is NS，则 $k_1=1$ and $k_3=0.7$；

……

$R_{25}$：IF $e$ is PB and $e$ is PB，则 $k_1=0.4$ and $k_3=1$。

每一条规则都是并列的，则它们之间是“或”的逻辑关系，因此整个规则库集的模糊关系为 $R=\bigcup_{i=1}^{25}R_i$。将这 25 条模糊条件语句列成表格，可得表 4-3 所示的航向模糊控制的控制规则表。

**航迹模糊控制规则表($k_1/k_3$)** 表 4-3

| $ec$ | $e$ | | | | |
|---|---|---|---|---|---|
| | NB | NS | ZR | PS | PB |
| NB | 1/0.6 | 1/0.6 | 0.8/1 | 0.6/1 | 0.4/1 |
| NS | 1/0.7 | 1/0.7 | 0.8/1 | 0.7/1 | 0.5/1 |
| ZR | 1/0.8 | 0.8/1 | 1/1 | 0.7/1 | 0.5/1 |
| PS | 1/0.7 | 1/0.7 | 0.8/1 | 0.7/1 | 0.5/1 |
| PB | 1/0.6 | 1/0.6 | 0.8/1 | 0.6/1 | 0.4/1 |

(4)模糊推理。

模糊推理应用广义前向推理。在 $t$ 时刻，如模糊控制器的输入量为 $e^*$ 和 $\Delta e^*$，经模糊化为模糊子集$\underset{\sim}{A}$和$\underset{\sim}{B}$，应用 Mamdani 的最大最小推理方法(Max-Min-Inference)，其推论结果是 $\underset{\sim}{U}=(\underset{\sim}{A}\times\underset{\sim}{B})\cdot R$。由于模糊控制器的输出变量采用的是常量，即输出值为精确量，可以省去解模糊化过程。模糊推理的输入/输出曲面如图 4-8 所示。

(5)系统仿真实验。

仿真研究以锚泊移船系统模型为对象。设给定航迹线距船舶当前船位初始偏差分别为 0.2m、0.5m、1.0m、1.5m，仿真时间设置为 2000s，得到如图 4-9 所示的系统输出曲线，系统动态响应性能指标和稳态性能指标如表 4-4 所示。

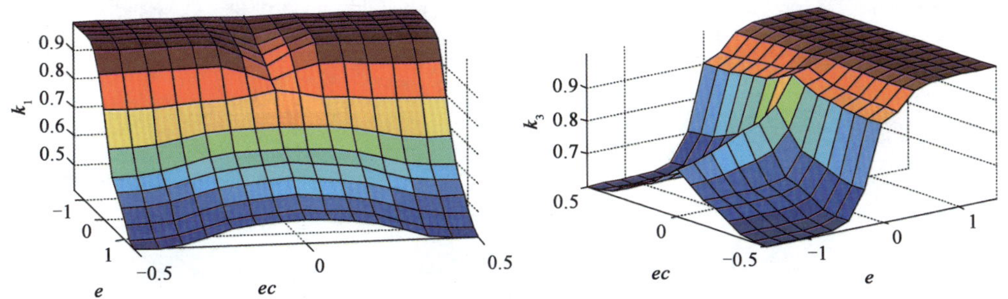


图 4-8　航迹模糊控制器的输入/输出曲面

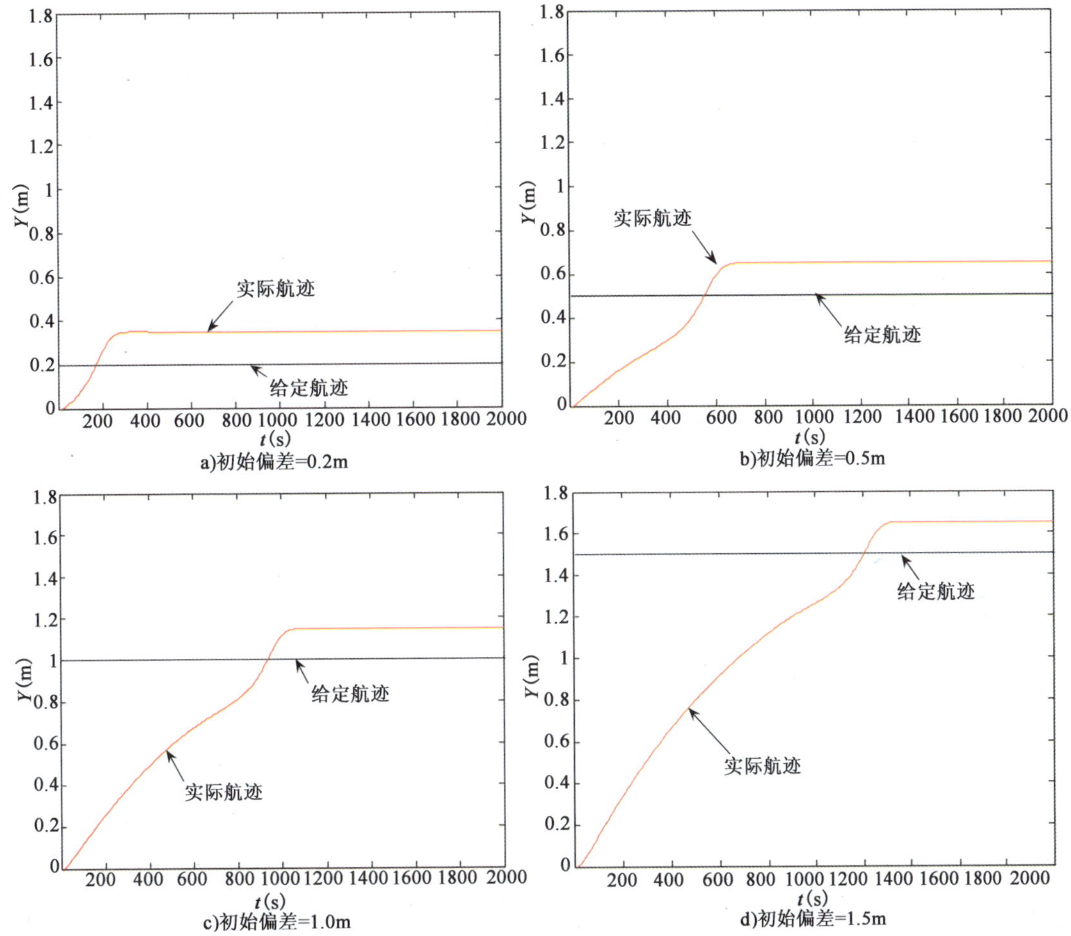

a)初始偏差=0.2m

b)初始偏差=0.5m

c)初始偏差=1.0m

d)初始偏差=1.5m

图 4-9　航迹保持系统输出响应曲线图

**系统动态和静态特性指标**　　表 4-4

| 初始位移偏差(m) | 系统超调(%) | 上升时间(s) | 过渡过程时间(s) | 稳态误差(m) |
|---|---|---|---|---|
| 0.2 | 75.3596 | 110 | 2000 | 0.1503 |
| 0.5 | 30.1429 | 450 | 2000 | 0.1503 |
| 1.0 | 15.0721 | 800 | 780 | 0.1382 |
| 1.5 | 10.0480 | 1010 | 900 | 0.1231 |

仿真结果显示，系统输出存在稳态误差，过渡过程时间长。航迹保持模糊控制器在大误差段的控制效果较好；而在小误差段超调较大。可见，需要对控制器的参数进行调整提高控制性能。

3）粒子群优化算法与模糊控制的结合

以误差和误差变化率为输入的普通模糊控制器本质上是PD型或PI型非线性控制器，从而对系统的动态性能或稳态性能产生影响。模糊控制器性能的改善可通过修改隶属函数、模糊推理规则、比例因子等途径。但算法参数的确定和修改本身是一个极其复杂的优化问题，在实际应用中没有确定最优参数的通用方法或系统化的指导方法，大多是根据经验选取或采用“试差法”，效率比较低。目前，基于智能优化算法优化模糊控制器的研究越来越收到研究者的关注。

针对一般控制器的优化设计，假设控制器要实现的函数映射表示为$f(e,\dot{e},u)$，控制器涉及的调整参数为$\theta=[\theta_1,\theta_2,\cdots,\theta_n]$，优化目标为$f_{\text{itness}}$，$f_{\text{itness}}$的获得是将粒子代表的一组可行解作为控制器的控制参数，在控制系统的运行过程中得到的优化目标值。基于PSO的控制器参数优化步骤如下：

步骤1：根据所设计的具体控制器，确定参数$\theta$的论域范围大小和初值；设定PSO算法的参数，包括惯性权重$w$，加速度常数$c_1$和$c_2$，种群规模$N$，根据参数$\theta$的维数，在定义空间$R^D$中随机产生$N$个粒子$x_1,x_2,\cdots,x_N$，组成初始种群$X$；随机产生各粒子初始速度$v_1,v_2,\cdots,v_N$，组成速度矩阵$V$。

步骤2：计算各粒子适应度函数值$f_{\text{itness}}$。

步骤3：比较每个粒子的适应度值与自身最优值pbest。如果优于自身最优值pbest，则用当前适应度值来更新pbest。

步骤4：比较每个粒子的适应度值与种群最优值gbest。如果优于gbest，则将其作为种群的最优位置gbest，同时记录其索引号。

步骤5：根据公式更新各粒子的速度和当前位置。

步骤6：检查终止条件。若满足，则返回当前最佳粒子的结果，程序结束；否则返回步骤2，继续下一循环。

从以上流程可以看出，PSO算法中的粒子代表控制器的参数，而优化目标是通过控制系统运行得到的性能指标。因此，将PSO用于控制器的设计中的关键在于：优化参数$\theta$的确定；确定优化目标$f_{\text{itness}}$。

对于模糊控制器参数$\theta$可选取比例因子、隶属函数参数、模糊控制规则等。在选择优化参数时，对于多入多出的模糊控制器由于控制器所涉及的参数较多，如果全部选择作为PSO调整参数，则会因为参数之间的相关性太强使得PSO寻优效率降低。因此，在处理具体问题中将重要的几个参数作为优化参数，而将其他参数固定。

优化目标$f_{\text{itnes}}$一般对应实际系统所追求的目标，可以将一些控制系统性能指标如平方误差积分（ISE）、系统稳定时间、系统超调量等作为粒子的适应度评价值，或者在性能指标中加入对控制量的考虑。

将PSO优化算法与模糊控制结合，航迹模糊控制系统结构如图4-10所示。

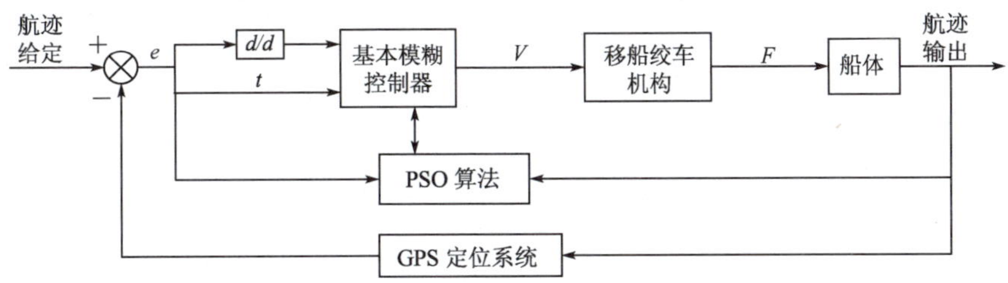


图 4-10　基于 PSO 优化算法的航迹模糊控制系统结构框图

4）模糊控制器隶属度函数优化

模糊控制器两输入变量 $e$ 和 $ec$ 的隶属函数均为高斯型隶属函数，均为 5 个模糊语言值，因此选取寻优参数如下：

$$\theta = [\sigma_{e1},\sigma_{e2},\cdots,\sigma_{e5},c_{e1},c_{e2},\cdots,c_{e5},\sigma_{ec1},\sigma_{ec2},\cdots,\sigma_{ec5},c_{ec1},c_{ec2},\cdots,c_{ec5}]$$

式中：$\sigma_{e1},\sigma_{e2},\cdots,\sigma_{e5}$——航迹偏差 $e$ 的 5 个语言变量隶属函数曲线的宽度；

$c_{e1},c_{e2},\cdots,c_{e5}$——航迹偏差 $e$ 的 5 个语言变量隶属函数曲线的中心点；

$\sigma_{ec1},\sigma_{ec2},\cdots,\sigma_{ec5}$——航迹偏差变化率 $ec$ 的 5 个语言变量隶属函数曲线的宽度；

$c_{ec1},c_{ec2},\cdots,c_{ec5}$——航迹偏差变化率 $ec$ 的 5 个语言变量隶属函数曲线的中心点。

由上述可知，寻优参数 $\theta$ 包含 20 个元素。寻优的目标是找到一组参数值，模糊控制器的优化目标是航迹偏差最小。为了比较全面地考虑系统的动态性能和稳态性能，系统的性能指标选为：

$$f_{\text{itness}} = w_1\frac{\text{ISE}}{\max[e(n)]} + w_2\text{POS} + w_3\frac{T_s}{T} \to \min \tag{4-14}$$

式中：ISE——在整个仿真时间 $T$ 内误差平方的积分；

$T_s$——稳定时间；

POS——超调率；

$w_1$、$w_2$、$w_2$——加权系数，且 $w_1+w_2+w_3=1$。

粒子适应度函数选取的原则是：系统的输出误差尽可能小，以保证船舶沿给定的航迹移船；尽可能提高系统的响应速度，减小超调量，改善系统的动态性能。因此采用 $f_{\text{intness}}$ 作为粒子适应度评价函数。

初始 PHQPSO 参数设置：种群规模 $M=50$，收缩扩张系数 $\beta=(0.8-0.6)/1000$ 线性减小，寻优空间维数 $D=20$，最大迭代次数为 100 次。变异进化粒子数 $N=4\times m/5=40$。

寻优参数 $\theta$ 的初始值设置为：

$\theta=[$0.6　0.4　0.1　0.4　0.6　−1.5　−0.5　0　0.5　1.5
0.25　0.1　0.05　0.1　0.25　−0.5　−0.15　0　0.15　0.5$]$

经过 PSO 优化后参数值为：

$\theta=[$0.2539,0.3415,0.0190,0.3898,0.2101,−1.3731,−0.4374,0,0.1979,0.8409,0.0254,0.0583,0.0206,0.0308,0.0006,−0.0658,−0.1093,0,0.1089,0.0503$]$

以建立的锚泊移船系统优化模型为对象，初始位移偏差分别为 0.2m、0.5m、1.0m、

1.5m,仿真时间设置为1000s,$w_1=w_2=0.4$,$w_3=0.2$,得到系统输出响应曲线如图4-11所示,表4-5所示为优化后系统特性指标。

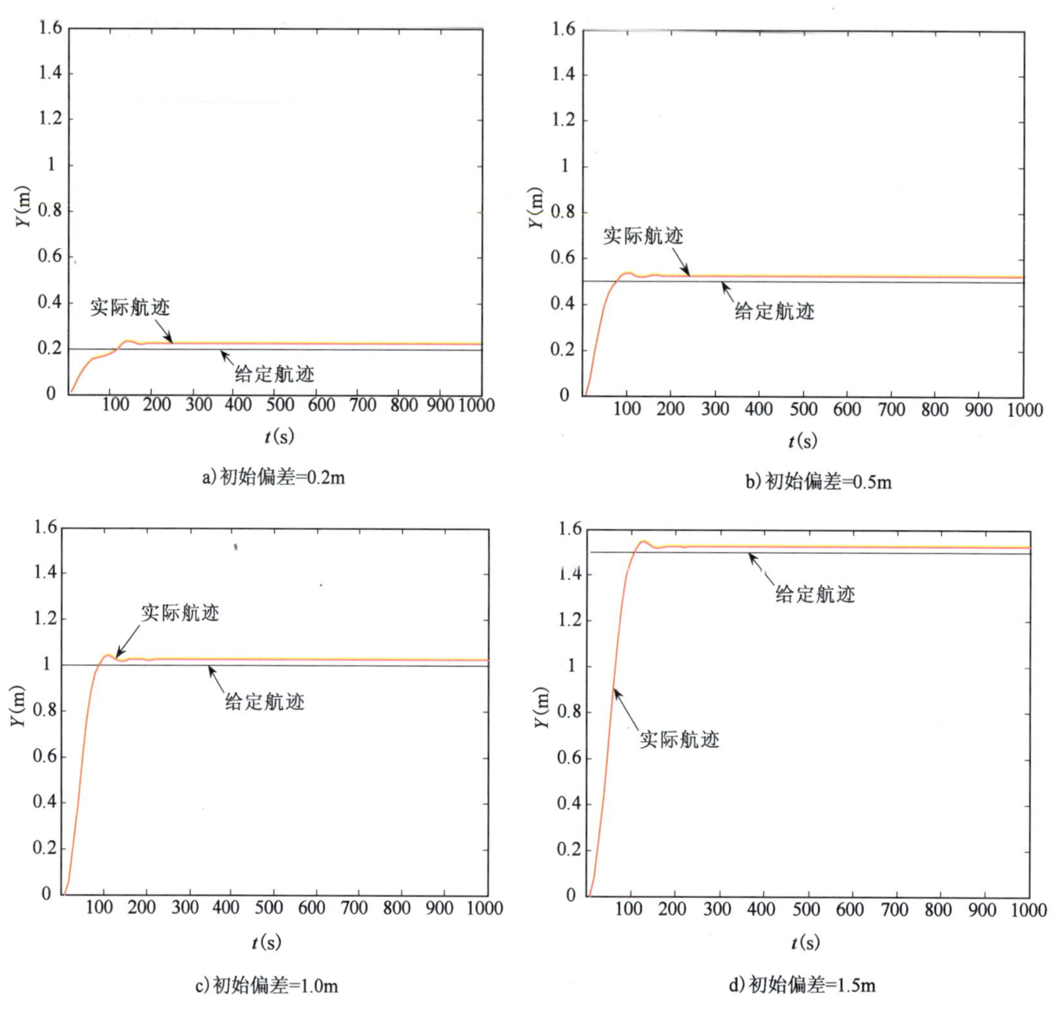


a)初始偏差=0.2m

b)初始偏差=0.5m

c)初始偏差=1.0m

d)初始偏差=1.5m

图4-11 隶属函数优化后航迹保持系统响应输出曲线图

**隶属函数优化前后的系统动态和静态特性指标比较** 表4-5

| 初始位移偏差 | 系统超调(%) | | 稳态误差(m) | |
|---|---|---|---|---|
| | Fuzzy | Fuzzy_PHPSO | Fuzzy | Fuzzy_PHPSO |
| 0.2m | 75.3596 | 16.9490 | 0.1503 | 0.0238 |
| 0.5m | 30.1429 | 7.3920 | 0.1503 | 0.0239 |
| 1.0m | 15.0721 | 4.4341 | 0.1382 | 0.0237 |
| 1.5m | 10.0480 | 3.0929 | 0.1231 | 0.0233 |

如表4-5所示,相对基本的模糊控制器,隶属函数优化后的模糊控制系统的超调率大大减小,稳态误差也得到改善。

5)模糊控制器模糊控制规则优化

针对模糊控制规则,选取寻优参数 $\theta=[K_1,K_3]$,其中 $K_1$、$K_3$ 表示模糊控制规则后件中的输出常数,定义如下:

$$K_1=\begin{bmatrix}k_1^{11} & k_1^{12} & \cdots & k_1^{15}\\ k_1^{21} & k_1^{22} & \cdots & k_1^{25}\\ & & \ddots & \\ k_1^{51} & k_1^{52} & \cdots & k_1^{55}\end{bmatrix},K_3=\begin{bmatrix}k_3^{11} & k_3^{12} & \cdots & k_3^{15}\\ k_3^{21} & k_3^{22} & \cdots & k_3^{25}\\ & & \ddots & \\ k_3^{51} & k_3^{52} & \cdots & k_3^{55}\end{bmatrix} \tag{4-15}$$

由此模糊控制规则表示如下:

$R_1$:IF $e$ is NB and $ec$ is NB,则 $k_1=k_1^{11}$ and $k_3=k_3^{11}$;

$R_2$:IF $e$ is NB and $ec$ is NS,则 $k_1=k_1^{21}$ and $k_3=k_3^{21}$;

……

$R_{25}$:IF $e$ is PB and $e$ is PB,则 $k_1=k_1^{55}$ and $k_3=k_3^{55}$。

由上可知,寻优参数 $\theta$ 包含 50 个元素,采用式(4-14)的粒子适应度评价函数。

初始 PHQPSO 参数设置:种群规模 $m=50$,收缩扩张系数 $\beta=(0.6-0.6)/1000$ 线性减小,寻优空间维数 $D=50$,最大迭代次数为 100 次。变异进化粒子数 $N=4\times M/5=40$。

利用前面得到的优化的参数 $\theta$ 作为隶属度参数,模糊控制规则初始参数 $K_1$、$K_3$ 取表 4-3 所示的常数,即:

$$K_1=\begin{bmatrix}1 & 1 & 0.8 & 0.6 & 0.4\\ 1 & 1 & 0.8 & 0.7 & 0.5\\ 1 & 0.8 & 1 & 0.7 & 0.5\\ 1 & 1 & 0.8 & 0.7 & 0.5\\ 1 & 1 & 0.8 & 0.6 & 0.4\end{bmatrix},K_3=\begin{bmatrix}0.6 & 0.6 & 1 & 1 & 1\\ 0.7 & 0.7 & 1 & 1 & 1\\ 0.8 & 1 & 1 & 1 & 1\\ 0.7 & 0.7 & 1 & 1 & 1\\ 0.6 & 0.6 & 1 & 1 & 1\end{bmatrix}$$

经过 PSO 优化后的参数值如下:

$$K_1=\begin{bmatrix}1.1200 & 0.8800 & 0.9200 & 0.4800 & 0.2800\\ 1.1200 & 0.8800 & 0.9200 & 0.5800 & 0.3800\\ 1.1200 & 0.9200 & 1.1200 & 0.5800 & 0.4015\\ 0.8800 & 0.8800 & 0.6800 & 0.5800 & 0.6200\\ 1.1200 & 1.1200 & 0.7565 & 0.7200 & 0.5200\end{bmatrix}$$

$$K_3=\begin{bmatrix}0.7200 & 0.4800 & 0.8800 & 1.1200 & 1.1200\\ 0.8200 & 0.8200 & 0.8800 & 1.1200 & 1.1200\\ 0.9200 & 1.1200 & 0.8800 & 0.8800 & 0.8800\\ 0.8200 & 0.5800 & 1.1200 & 1.1200 & 1.1200\\ 0.4800 & 0.7200 & 1.1200 & 1.1200 & 1.1200\end{bmatrix}$$

同等仿真条件下,利用优化后的隶属度函数参数得到系统输出响应曲线如图 4-12 所示，优化前后系统动态静态特性对比如表4-6所示。

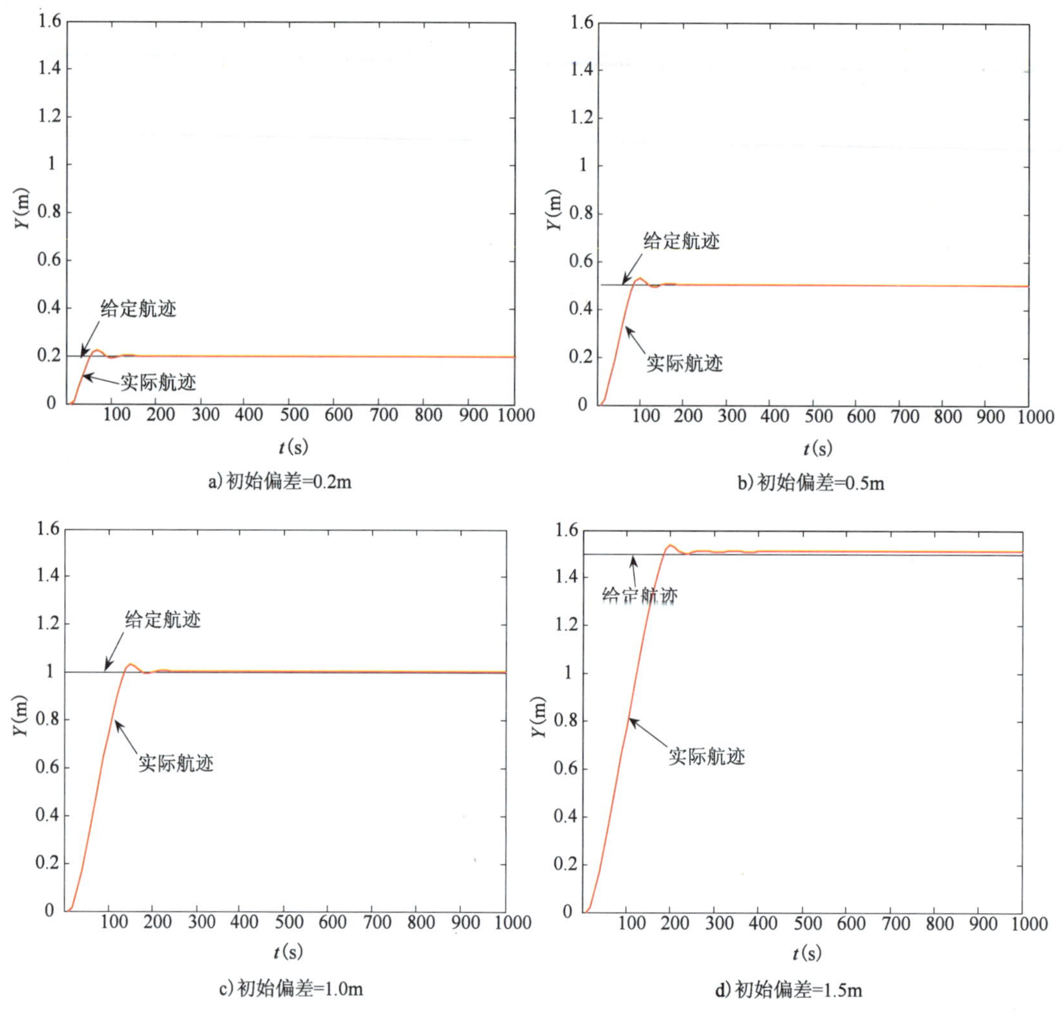


图4-12　模糊控制规则优化后航迹保持系统响应输出曲线图

**模糊控制规则优化前后的系统动态和静态特性指标比较**　　表4-6

| 初始位移偏差(m) | 系统超调(%) | | 稳态误差(m) | |
|---|---|---|---|---|
| | Fuzzy | Fuzzy_PHQPSO | Fuzzy | Fuzzy_PHQPSO |
| 0.2 | 75.3596 | 12.6296 | 0.1503 | 2.3656e-004 |
| 0.5 | 30.1429 | 6.3538 | 0.1503 | 0.0017 |
| 1.0 | 15.0721 | 3.5680 | 0.1382 | 0.0029 |
| 1.5 | 10.0480 | 2.6730 | 0.1231 | 0.0041 |

比较表4-5和表4-6所示的优化前后的系统动静态特性指标，可见经PSO算法优化后的系统超调率和稳态误差都大大减小，证明模糊控制规则经优化后使得航迹保持模糊控制器的控制性能得到了较大改善。

## 4.3 铺排船作业综合监控系统开发

### 4.3.1 铺排船施工流程及作业综合监控系统需求分析

铺排船主要由移船绞车机构、卷筒机构、滑板机构和其他附属机构等组成，施工作业系统全部采用液压驱动。根据对铺排船作业实况的分析，其移位智能系统应具备下述功能。

(1)智能移船控制功能：利用锚泊移位智能控制器实现移船过程的多条锚缆的协调控制，保证铺排船沿预定工作轨迹移船铺排。

(2)施工控制功能：可实现机旁手动、远程集控和自控联动作业三种独立的铺设作业模式。机旁手动操作指施工人员在甲板上，根据施工现场的实际情况及施工经验，通过设在甲板上的机旁操纵台由多人协调完成施工；远程集控操作指操作人员在驾驶室，以监视系统提供的信息为参考，直接操作远程集控操纵台上的相关手柄、按钮等装置进行施工操作；自控联动作业方式则是指通过自动监控系统设置的传感测量系统和自动监控软件，在基本无人干预的情况下，按预设施工轨迹自动完成铺设作业，并保证铺设质量，即两块软体排的重叠度不得小于施工精度的要求。

(3)监视功能：要求在驾驶室实时显示的信息包括预定施工轨迹、船舶当前位置、移船速度及航向、实际移船轨迹、施工进度、施工质量(软体排重叠度)、施工区域水下地形变化趋势和环境信息(风速、风向)等。

(4)故障实时报警及历史记录查询功能：实时检测液压系统的工作情况，出现异常(如油温过高、油压过高等)及时报警并记录。施工作业过程中出现航向偏差或航迹偏差过大、剩余土工布不足时，实时报警提示工作人员并记录。所有报警记录均能离线查询。

(5)数据记录和管理功能：要求实时记录施工数据，如操作员登录信息、实际施工轨迹、故障报警信息等。所有记录均能离线查询，并按需要生成多种报表打印输出。施工结束后能离线绘制铺设完工图纸。

### 4.3.2 铺排船作业综合监控系统硬件构成

1)自动监控系统体系结构

根据施工作业监控要求，设计该船自动监控系统的硬件结构如图 4-13 所示。

系统由多源传感器检测系统、PLC 控制网络、通信网络、上位监控系统构成，可实现机旁手动、远程集控、自控联动三种作业方式。

(1)机旁手动作业。

甲板上设置三个机旁操纵台，施工人员通过操纵台上的手柄、按钮等元器件发出命令，对应的 PLC 控制柜执行输出动作，驱动对应执行机构工作。机旁操纵台上可通过仪表和指示灯等监视对应 PLC 柜采集的设备运行状态及报警信息。

(2)远程集控作业。

驾驶室的驾控台上设置远程集控操纵板，施工人员发送的动作指令经 PLC 主站下发至对应的 PLC 子站，程序控制输出单元动作驱动对应执行机构工作。通过仪表和指示灯等元器件，操作人员可实时监视全船设备的运行状态及报警信息。

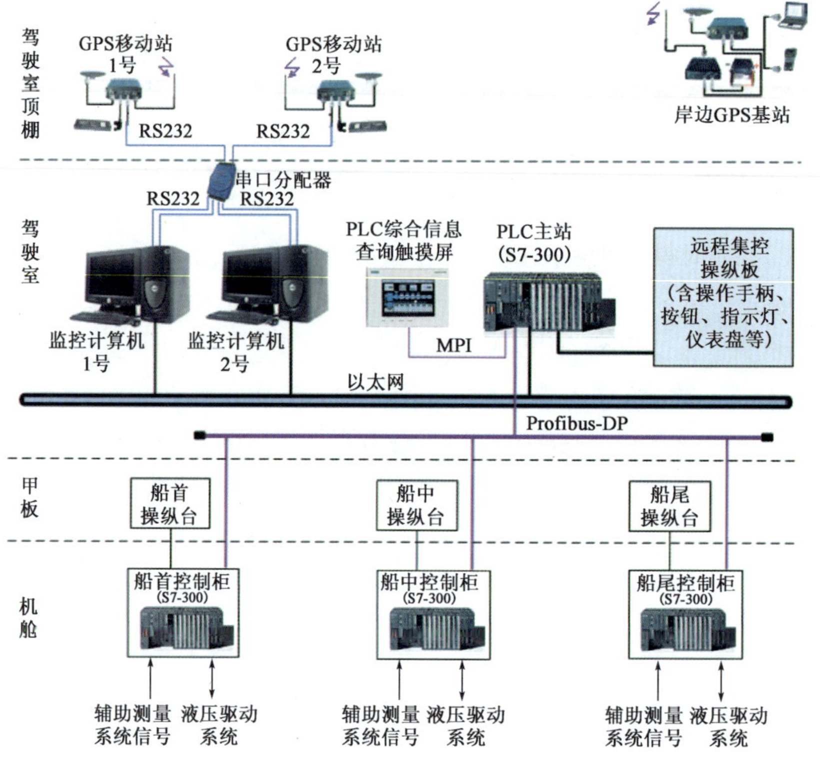


图 4-13　软体铺排船自动监控系统体系框图

(3)自控联动作业。

驾驶室设置集中监控主机,根据施工工程的要求编制施工计划(预定工作线),同时通过多源传感器系统检测铺排船各类信息,经监控主机处理后形成铺排船当前的船位、船姿、速度、航向、施工区域水下地形等实时多源信息。智能控制器采用基于模糊逻辑的航迹保持控制器,根据当前船位信息与施工计划的航迹偏差,经模糊推理得到四台移船绞车的收放缆速度和卷筒放布速度作为控制器的输出量,经 PLC(可编程序控制器)控制网络送液压机构执行动作,协调控制艏左右及艉左右四台移船绞车、铺排卷筒机构动作,自动完成一个铺排周期。图 4-14 所示为该船自控联动作业的功能框架,整个系统为一个典型的闭环控制系统。

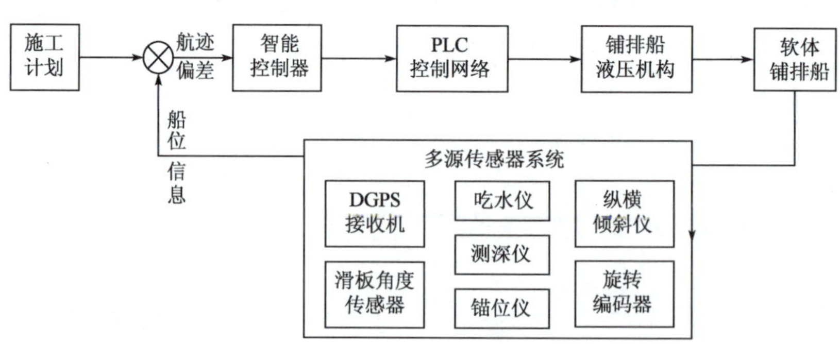


图 4-14　铺排船自控联动作业方式系统功能框架

2)多源传感器检测系统

多源传感器系统包括以下传感器:

(1)DGPS定位装置。

GPS定位系统是一种较精确、依靠卫星信号的定位系统。它受自然条件的影响较小,只要能够正常初始化便可以全天候工作,因而可大大提高船舶利用率和工作效率,使自动化程度提高,劳动强度减少。由于工程船舶在施工过程中是运动状态,且船体运动涉及航迹和航向两方面因素,为实时得到船位信息并保证定位精度,该船定位系统采用1(基站)+2(移动站)RTK(Real-Time Kinematic)方式的DGPS(Dynamic Global Positioning System,差分全球定位系统)技术。

GPS基准站安置在施工地点附近精确的已知点位置,其同步观测的坐标信息与已知精确坐标比较,求得该地区观测的误差修正值。船上的两台GPS移动站同步观测相同的GPS卫星,实时计算出移动站的空间坐标位置。基站确定的误差修正值通过电台发送至移动站,各移动站实时观测值经修改后,定位精度可达厘米级。

采用DGPS定位仪的功能主要可以辅助完成:

①船舶初始定位。在每幅排布的起始区域,船舶的首次定位都要求比较精确,以保证水底铺出的相邻两块排的重叠度在预计的精度范围之内,从而确保较好地完成预定区域的施工作业任务。

②船舶移船定位。在铺排的过程中,实时反馈船位,操作人员手动或由自控联动控制器自动控制移船机构,修正铺排轨迹。

③测量移船速度。在计算机的辅助下,由DGPS定位仪可以得到船舶艏、艉在某一时间段内各自的移船距离,从而得到较精确的艏艉各自的移船速度,通过调节艏艉各自的移船速度,进而达到艏艉移船距离一致、平行移船的目的。

(2)多通道测深仪。

该船配置有两套16通道测深仪,即主测深仪和检测测深仪,平行铺排卷筒轴线安装。该测深仪是一种多通道回波测深仪,实时采集排布宽度范围内的断面水深,水深数据与GPS定位数据向融合,可形成待铺排区域水下数据网格,可为施工人员提供待水深变化趋势信息。

(3)锚位仪。

各锚缆绳的张角对自控联动控制量有影响,故需实时了解各张角变化情况。锚位仪由六个单点定位GPS接收机组成,通过监控主机定时呼叫的方式了解抛锚点坐标信息,再结合实时采集的铺排船当前坐标位置信息得知张角变化情况。

(4)四角吃水仪。

四角吃水仪由四个安装在铺排船四角的压力传感器构成,实时检测铺排船四角吃水情况,由此判断船体倾斜状态。

(5)纵横倾斜仪。

安装于机舱内,实时检测铺排船纵横倾斜角度,和四角吃水信息融合处理后得到当前船姿信息。

(6)主、副滑板角度传感器。

在主、副滑板边沿安装的角度传感器。根据机械工艺要求,滑板角度在$-70° \sim +90°$范围内变化，实时采集主、副滑板角度信息，及时报警。

(7)卷筒旋转编码器。

安装于卷筒导梁处，排布下放过程中，移动的排布带动编码器旋转，PLC 输入模块采集计数脉冲，通过监控主机计算可得卷筒放排速度信息，并累计放排长度。

3)PLC 控制网络

全船施工自动控制系统采用基于 Profibus-DP 的 PLC 控制网络。在艏、舯和艉分别设立三个 PLC 子站，在驾驶室(集控室)设 PLC 主站，向下通过 Profibus 与三个 PLC 子站进行数据交换，向上通过工业以太网(Ethernet)与设在集中控制操纵台上的中心监控计算机通信，由此构成一个完整的过程控制系统(PCS)。

主站和子站均采用西门子 S7 系列 PLC，PLC 各子站中均编写 PLC 控制程序，实现对现场设备状态信息采集，以及输出对应机构操作命令。艏、艉和舯的机旁操纵台通过船用通信电缆与相对较近的 PLC 子站进行联络，实现机旁手动作业。

PLC 主站主要实现系统组态，远程集控操纵板和监控主机通过主站与 PLC 子站之间进行通信，从而实现远程集控和自控联动作业。

在集中控制操作台上，专设有一块触摸显示屏，通过多点接口(Multiple Points Interface，MPI)与集中控制操纵台的 PLC 主站相联，用于显示 PLC 控制网络的工作状态、故障报警及信息查询。

4)上位监控系统

为保证系统的可靠性，上位监控系统设置了两台互为备用的监控主机。上位监控系统直接通过串口采集 GPS 定位信息，通过以太网与 PLC 网络系统通信，采集现场设备状态信息。自动监控软件实现数据的综合处理、状态监控、船位自动纠偏、数据管理等功能。

5)通信网络

本系统中综合应用了串行通信、现场总线和以太网通信技术。

DGPS 定位系统、锚位仪和多通道测深仪设备都只能提供串行通信信号，因此上位监控主机通过多串口卡实时从对应设备中采集数据。

PLC 主从站之间采用的 Profibus-DP 现场总线。现场总线是将自动化最底层的现场控制器和现场智能仪表设备互连的实时控制通信网络，20 多年的发展使其称为现代自动化监控领域大规模应用的一项通信技术，其通信速率最好可达 12Mb/s，保证整个 PLC 控制网络的实时性和可靠性。

PLC 控制网络与上位监控系统之间采用的是以太网技术。以太网以其开放性、高速传输、成本费用低廉等优点，在其发展的 20 年中得到了极为广泛的应用，已经成为一种主流技术。目前，在构筑信息高速公路、企业信息系统和智能建筑中都无一列外地应用高速以太网。

### 4.3.3 软体铺排船作业综合自动监控软件开发

根据软体铺排船作业综合自动监控系统功能需要，监控软件的总体功能框架如图 4-15 所示。整个监控软件功能包括四个主要部分：

(1)实时数据采集。

通过对应的通信功能模块，实时采集多源传感器检测系统的现场检测数据，以及实现与 PLC 控制网络的数据交换。

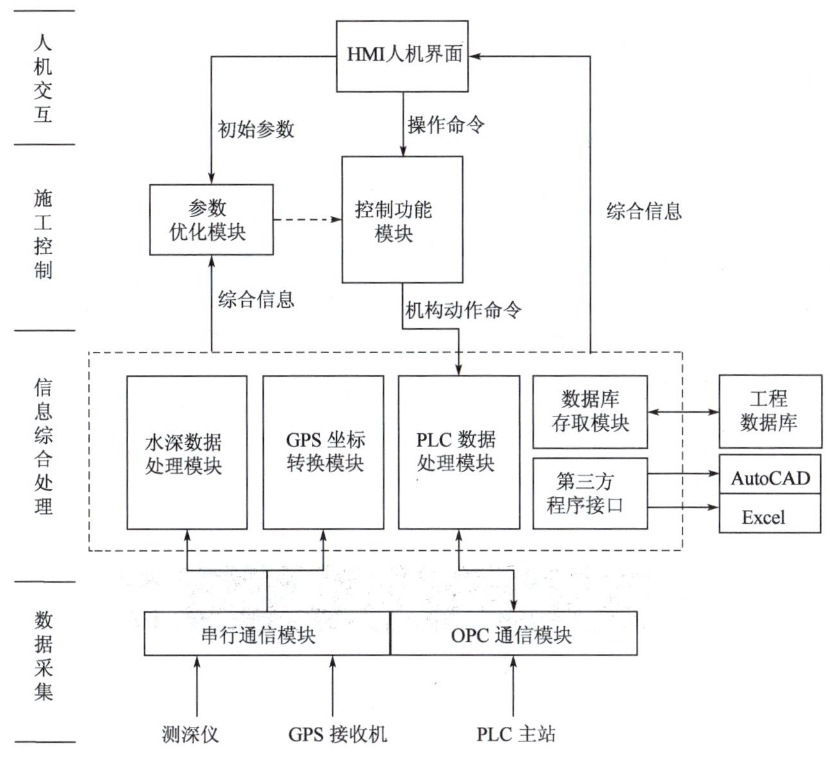


图 4-15　监控软件模块信息处理及流向图

(2)多源信息综合处理。

对实时采集的多源数据进行融合处理,得到船位、船姿、设备运行状态等现场综合信息。

建立工程数据库,通过数据库存取模块实时记录施工数据,如实际施工轨迹(船位信息)、水下地形信息、设备故障报警信息等。基于工程数据记录,实现施工作业信息、设备故障报警、操作记录等多种信息查询功能。

第三方程序接口实现监控软件与其他应用程序的数据交换。施工结束后监控软件通过与 AutoCAD 程序的接口可将实际施工轨迹数据导入 AutoCAD 软件自动绘制完工图纸;通过与 Excel 程序的接口可按需要生成多种 Excel 报表,打印输出。

(3)施工自动控制。

利用程序实现基于模糊逻辑的航迹保持器控制算法模块,以及基于 QPSO 改进算法的模糊控制器参数优化训练模块。根据航迹偏差,控制功能模块自动生成移船绞车机构动作指令,发送至 PLC 控制网络实现施工作业的自动控制功能。当设备、环境等参数发生变化时,可在制排过程中调用参数优化模块,离线优化模糊逻辑控制器参数,保证施工精度。

(4)综合信息人机交互。

人机交互界面 HMI(Human Machine Interface),为操作人员提供过了一个友好的人机交互接口。操作人员实时了解船位、船姿、施工轨迹、设备运行状态等信息。操作人员通过人机界面;可输入 GPS 坐标转换参数、船舶尺寸等施工参数;发送施工作业控制命令;信息查询等多种人机交互功能。

整个监控软件采用 Windows 2000 作为支撑平台，以 Visual Basic 6.0 作为软件开发工具，应用 Microsoft Access 创建工程数据库。

(5)人机交互界面(图 4-16)

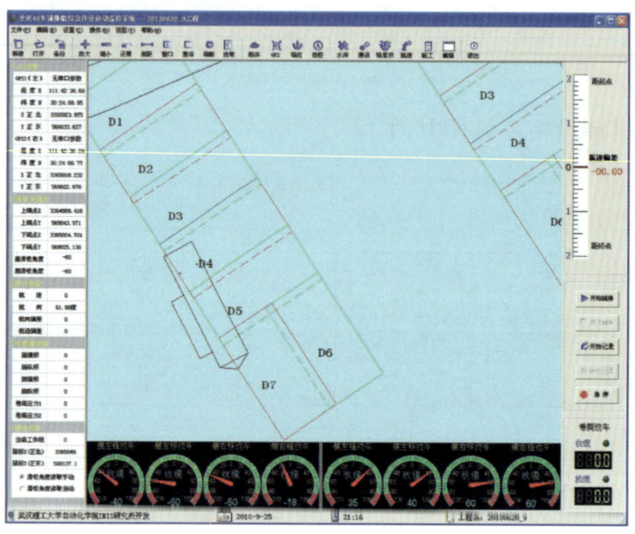


图 4-16　铺排船作业综合监控系统主界面示意图

# 第 5 章　软体排施工控制信息化技术研究

长江航道软体排铺设施工过程中,如何保证软体排的铺设按照设定的标准进行,同时对铺设后的效果进行检测,确认施工结果是否达到预期效果是软体排施工控制的关键。针对这些关键问题,软体施工控制信息化技术从施工在线检测、施工状态判别,以及施工远程管理信息技术入手,提供一个可视化、高效的施工控制系统。施工在线检测技术针对软体排施工过程中受天气、水流等因素引起的排体铺设偏移问题,提供一个自动纠偏的方法,确保铺排过程按照标准进行;施工状态判别技术着重于铺设效果的检测,利用图像分割识别技术,对铺排效果进行检测,保证软体排铺设达到预期效果;施工远程管理信息技术利用网络通信技术,实时将施工程过程的各种情况发送到管理人员的监控客户端,为施工管理人员提供一个便利、高效、实时的管理窗口。

## 5.1　沉排施工在线检测技术

水下铺排质量检验的一个重要环节就是排体搭接,如果搭接达不到要求,引起水流在搭接缝隙区域进行淘刷,往往会沿排缝处发生底沙泄漏,会导致排体下被保护的河床基土被冲蚀,排体上的水下建筑物坍塌的情况。在水流集中冲刷区域,局部坍陷会危及排体的安全,处理不好将会引发排体贯通性撕裂,从而造成建筑物大范围的损坏事故。

通过沉排施工在线检测技术可以有效监控水下铺排施工质量,一旦发现铺排质量出现问题,可以即时给参建各方提供水下排体铺设情况的详细信息,参建各方可以依据这些信息采取各种措施,提高铺排施工质量。因此本书中选择采用先通过声学设备,即侧扫声呐进行范围扫测,对排体搭接初步判断,发现问题区域,再采取潜水探摸水下摄像检测技术进行检测,充分发挥各检测技术的优势,直观反映出铺排质量技术状况。以下是沉排施工在线监测技术整体方案设计与实现。

### 5.1.1　硬件设计

1)侧扫声呐扫描平台设计

设计的深水沉排施工过程水下监测系统首先需设计一个放置平台用以安装侧扫声呐,能够实现侧扫声呐在 1 ~ 8n mile/h 的侧扫过程中保持水中姿态的水平稳定,以确保侧扫声呐的精度。

2)总体设计

深水沉排施工过程水下监测系统分为水下检测部分和水面工作站两部分。二者通过拖揽实现双向通信。其系统总体设计,如图 5-1 所示。

水下检测部分主要装置有:飞鱼、侧扫声呐、回声测深仪和拖揽。

水面工作站主要装置有:高精度 RTK-GPS、相对位置传感器和工作站。

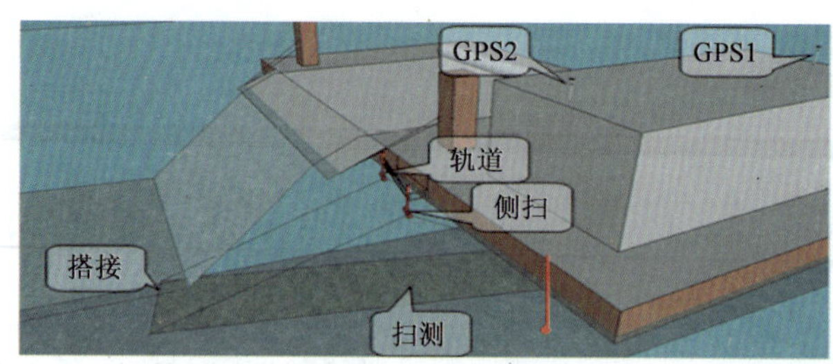


图 5-1　系统总体设计

3）水下检测部分研制

（1）侧扫声呐。

侧扫声呐是水下搜索、水下考察等重要且有力的工具，它不受水体可见度的影响而快速覆盖大面积水域“看”到水下情况。每边侧扫通过向水底发射声呐，反射后被设备接收形成声呐影像来发现水下物体。接收到的信号通过拖缆传到甲板上的显示单元。

显示单元显示的是高分辨率的海底或湖底或河底或位于底部其他物体的声呐影像。发射声波的频率决定了图像的分辨率，频率越高，图像越清楚，但是可探测的距离越近，频率越底，图像分辨率越低，但是可探测的距离越远。一般情况下，侧扫声呐同时拥有高频和低频换能器，这样可以得到较大范围同时分辨率较高的图像。由于侧扫声呐发射的是一条很狭窄的波，所以要得到成片的图像，侧扫就必须按照一定的方向和速度移动，才能得到连续的成片图像。所以使用的时候一般情况是将声呐放置于拖鱼上，于船舷上安装或者用拖缆拖拉，测量船按照一定的速度进行扫测，得到图像。其一般安装方式，如图 5-2 所示。

图 5-2　侧扫声呐一般的安装方式

选定长雁 19 工作区作为本课题的试验区域，长雁 19 铺排船工作状况如图 5-3 所示。侧扫声呐测量系统采用美国双频侧扫声呐 Klein3900，其组成如图 5-4 所示，主要技术指标如表 5-1所示。

图 5-3　长雁 19 铺排船

主要技术指标及参数 表5-1

| 技术指标 | 技术参数值 |
|---|---|
| 频率 | 445kHz,900kHz |
| 波束开角 | 水平0.21°,垂直40° |
| 波束倾角 | 向下5°、10°、15°、20°、25°,可调 |
| 距离范围 | 15挡,25~1000m |
| 距离设定 | 12挡,10~200m |
| 最大距离 | 150m @445kHz;50m @900kHz |
| 额定深度 | 标准:200m |

(2)回声测探仪及终端设计。

声测深仪的工作原理是利用换能器在水中发出声波,当声波遇到障碍物而反射回换能器时,根据声波往返的时间和所测水域中声波传播的速度,就可以求得障碍物与换能器之间的距离。小型测深仪的工作频率在100kHz左右,换能器尺寸较小,可在小船上使用,用于测量几十米到几百米的水域深度。其工作示意,如图5-5所示。

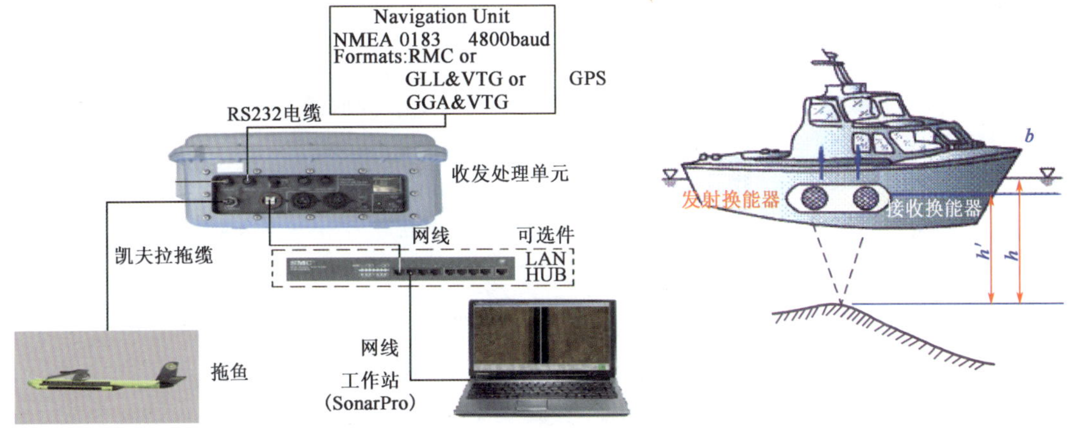


图5-4 双频侧扫声呐Klein3900组成

图5-5 回声测深仪工作示意图

水深遥测遥报终端由75W太阳能板、100Ah蓄电池、太阳能充电器、电源模块、遥测遥报终端、水深测量终端、超声波换能器等组成。水深遥测遥报终端框图见图5-6。

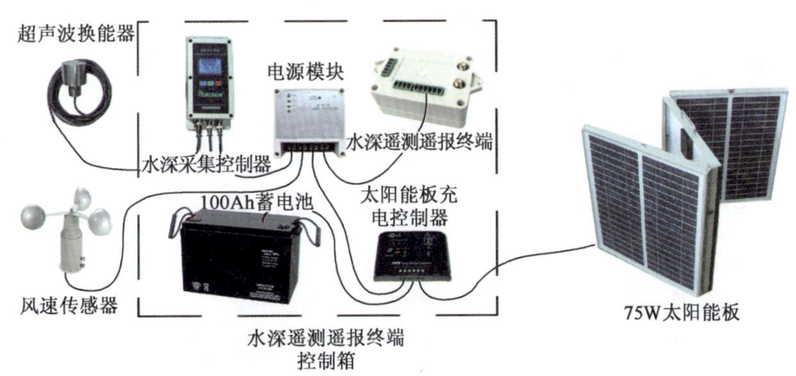


图5-6 水深遥测遥报终端框图

4)水面工作站研制

(1)高精度 RTK-GPS 定位系统。

常规的 GPS 测量方法,如静态、快速静态、动态测量都需要事后进行解算才能获得厘米级的精度,而 RTK 是能够在野外实时得到厘米级定位精度的测量方法。它采用了载波相位动态实时差分(Real-time kinematic)方法,是 GPS 应用的重大里程碑,它的出现为工程放样、地形测图,各种控制测量带来了新曙光,极大地提高了外业作业效率。

高精度的 GPS 测量必须采用载波相位观测值,RTK 定位技术就是基于载波相位观测值的实时动态定位技术,它能够实时地提供测站点在指定坐标系中的三维定位结果,并达到厘米级精度。在 RTK 作业模式下,基准站通过数据链将其观测值和测站坐标信息一起传送给流动站。流动站不仅通过数据链接收来自基准站的数据,还要采集 GPS 观测数据,并在系统内组成差分观测值进行实时处理,同时给出厘米级定位结果,历时不到 1s。流动站可处于静止状态,也可处于运动状态;可在固定点上先进行初始化后再进入动态作业,也可在动态条件下直接开机,并在动态环境下完成周模糊度的搜索求解。在整周末知数解固定后,即可进行每个历元的实时处理,只要能保持四颗以上卫星相位观测值的跟踪和必要的几何图形,则流动站可随时给出厘米级定位结果。

(2)相对位置传感器。

在铺排施工过程中,铺排船的定位是根据船上两台 RTK-GPS 进行定位定向的,使用侧扫控制的时候,再安装 GPS 不是很方便,同时也比较浪费。为此,根据侧扫声呐在铺排船上的相对位置,然后根据船 RTK-GPS 的定位信息,推算出侧扫的实际坐标,这样通过对高精度 RTK-GPS 与相对位置传感器的数据融合,侧扫声呐就能够实现定位。

### 5.1.2 软件设计

1)软件需求分析

本系统主要功能是对水深、排边坐标、声呐成像数据等信息进行采集,然后经无线网络进行传输和解析,再进行各种处理和操作,故本系统软件需求主要包括以下几个方面:

(1)数据采集。通过建立的无线网络对沉排水深、排边坐标等信息进行采集是本系统软件开发最基本流程之一,为后续数据处理、数据存储和分析提供数据源。

(2)数据处理。将接收到的数据包进行解析,获取精确的水深和坐标信息。

(3)数据存储。需要对获取的水深和坐标信息进行存储。

(4)数据查询、分析。数据筛选后,需要完成报表等功能,完善数据的后期处理。

(5)工作站实时监控系统设计。

工作站的设计主要是在经过对侧扫声呐测量图像的去噪、拼接、测算等工作后,结合测量船其他信息采集与管理系统,研发基于电子航道图的深水沉排施工状态信息管理系统。

该管理系统主要实现以下功能:

①排体及其搭接的成像实时显示、搭接宽度数字化显示、排边坐标实时显示。

②正常铺排成像控制。

③搭接区域识别及数字化。

④排体搭接小于最小搭接阈值和超过最大搭接阈值的报警提示。

⑤铺排船全球定位系统,侧扫声呐及搭接阈值的系统配置与修正。

⑥排边坐标及侧扫声呐成像的存储。

⑦侧扫声呐历史成像数据播放，单张排体排边坐标数据打印。

综上所述，系统的功能总体设计如图 5-7 所示。

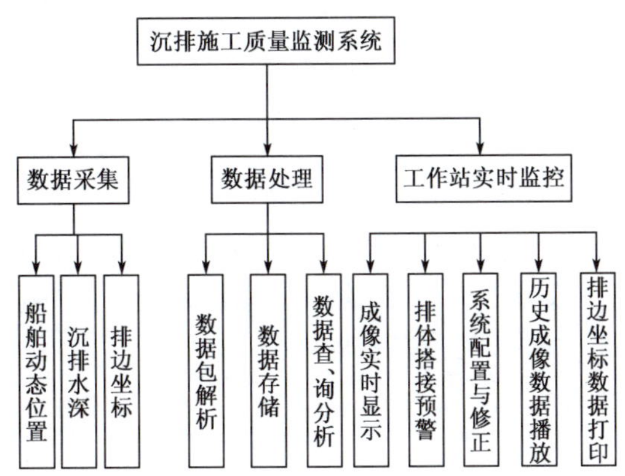


图 5-7　系统功能总体设计

2）软件开发环境

本系统采用VC++6.0 编译环境，C++ 语言既保留了 C 语言的有效性、灵活性、便于移植等全部精华和特点，又添加了面向对象编程的支持，具有强大的编程功能，可方便地构造出模拟现实问题的实体和操作；编写出的程序具有结构清晰、易于扩充等优良特性，适合于各种应用软件、系统软件的程序设计。并且其技术相对比较成熟，界面十分友好，串口通信和数据处理能力较强，满足本系统的开发需求。

3）软件的功能设计和实现

本系统主要功能如下：

（1）排体实时检测。

选择检测数据存放路径，设置声呐检测过程中使用的检测宽度、使用频率、显示方式、显示参数等相关参数，启动声呐设备后，声呐开始对水下铺排进行扫描检测。声呐向水中发射声波信号，通过声波信号回传特性、辅以 GPS 定位、陀螺仪姿态等对水下排体地形进行成像、定位以及识别。

（2）数据仿真。

系统仿真器可以提供声呐检测设备模拟工作信号。当系统调试或者需要室内预演时，可选用此功能。仿真器模拟声呐设备工作原理，向数据采集客户端不间断发出类似水下检测信号，客户端实时接收仿真器信号刷新显示画面。

（3）数据检测回放。

对于实际检测数据保存文件，可事后回放。回放可以多次重复、快慢选择及定位回放等，方便用户对重点部位重点关注。系统设置有工具栏相关操作按钮，包括：播放、停止、加速、减速、显示方式切换等。

（4）排体图像查看。

对铺排检测结果，系统自动生成检测图像。排体图像可以拖动、放大、缩小，同时依据检测位置 GPS、陀螺仪信息，显示鼠标位置排体经纬度信息。通过排体图像查看，用户可以清晰查看排体水下铺设效果，包括：排体铺设位置、排体变形、排体搭界、排体边界线等信息。

(5)排体边界识别。

使用排体图像查看用户基本可以掌握排体水下铺设效果，包括：排体铺设位置、排体变形、排体搭界、排体边界线等信息。但若需要更精确掌握排体搭界宽度等具体数字信息时，需要使用排体边界识别效果功能。选择效果区域后，系统自动识别局部图像宽度及搭界边界线宽度。

(6)系统管理。

系统管理提供用户信息管理、用户登录密码修改功能。用户信息管理实现对用户添加、修改、删除操作，以及用户信息查询。用户登录密码修改提供用户密码修改功能。

综上所述，沉排施工检测系统的功能结构如图 5-8 所示。

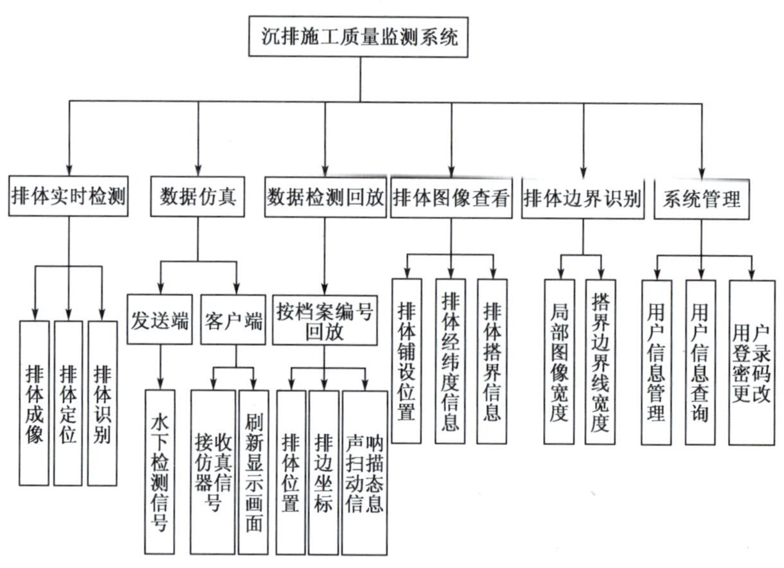


图 5-8　沉排施工检测系统功能结构图

4)软件详细与数据库设计

(1)数据采集系统设计。

在沉排施工质量监测系统中，沉排信息是由定位和测深两部分各自独立进行数据采集的，要获得正确的测量结果，就必须让定位和测深数据在时间轴上同步，形成空间匹配的三维数据。在本采集系统中，具体设计思路是：先校验采集的水深或沉排位置信息的有效性，然后比较水深信息和位置信息的采集时间是否同步(或者接近同步)，最后生成数据报文通过无线发射模块传输给监控中心。在上述设计思路中，逐层校验确保数据的有效性和节省无线传输的带宽资源；比较水深信息和位置信息采集时间，确保数据采集同步工作。具体设计思路，如图 5-9 所示。

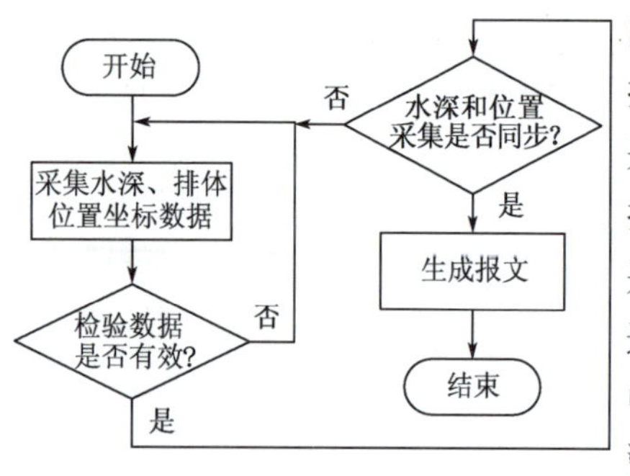


图 5-9　数据采集流程图

(2)数据通信设计。

数据通信是沉排施工质量监测系统的关键部分,只有快速、高效、精准、可靠、稳定的数据通信才能确保水下沉排影像的实时绘制,从而及时指导铺排施工。在本系统中,数据采集系统采集数据后就立即生成报文发送给无线发射模块。当前无线传输通信极其成熟,无线发射模块稳定可靠,并且价格低廉,不会对数据通信产生任何影响。因此,本系统数据通信的核心工作是监控中心上位机数据解析处理。

对于无线数据通信,一般采用单线程技术即可满足数据解析问题,但在要求处理较多数据包时容易出现数据拥堵、数据丢包和解析效率低下,从而导致程序无法响应,故本系统采用多线程解析。

①创建主线程。在主线程 WinMain 函数或 AfxWinMain 函数中创建数据通信线程、系统初始化、配置串口等工作。

②创建数据通信解析线程。主程序开启后,使用 new CWinThread 创建沉排报文解析线程,沉排报文解析线程创建成功后,在其内完成报文解析。

③主线程与数据解析通信线程同步。当主线程监听串口端口接收到一条完整报文信息后,立即设置事件信号为有信号,数据通信解析线程获得事件信号后,就立即进行解析报文,解析完成后置事件信号为无信号。通过设置事件信号从而达到主线程与解析线程同步,进而确保采集数据实时解析和沉排影像及时绘制。

(3)软件整体框架设计与实现。

由于本系统应用在江河中的铺排船上,因特网极其不稳定,故本系统软件采用的单文档 MFC 是其最佳选择,加入美化代码和皮肤,使软件界面更加美观。软件设计思想是通过串口类完成对下位机沉排数据报文的接收,通信解析线程完成数据报文的解析,主线程完成数据的处理和系统管理员的各种操作。本系统软件菜单功能大致如下:

①查看。能动态监测沉排施工信息状态,设置显示和隐藏工具栏和菜单栏。

②系统设置。添加、更改和删除管理员,权限设置,密码更改等等。

③串口设置。通过串口设置,可设置接收串口的串口号、波特率,校验码等,确保监控中心系统与无线接收模块的串口参数保持一致,从而实现数据传输功能。

④遥控设置。设置 GPS 和测深仪的采集频率,也可控制电机的运转速度。

⑤系统检测。通过此菜单,可以检测下位机采集系统的实时运行状态,并对采集系统进行控制管理。

⑥系统管理。管理系统菜单功能。

⑦数据查询。用于对数据的筛选和挖掘,形成数据报表。

⑧界面操作。实现对显示界面的放大、缩小、移动、关闭等操作。

⑨数据库设计。

在设计数据库时,需要兼顾效率、稳定和安全等因素,同时需遵循独立性高、冗余度小、共享性高和“E-R”原则。由于本系统中数据信息较少,故采用微软自带的 Microsoft Office Access数据库,它具有以下特点:

①存储方式单一。

②面向对象。

③界面友好,易操作。

④集成环境,处理多种数据信息。

⑤支持ODBC(Open Data Base Connectivity,开发数据库互联)。

它的主要优点是操作灵活、转移方便、运行环境简单。设计本系统沉排数据信息动态表时,需实时在数据库中写入经纬度(位置信息)、水深值(水深信息)和采集时间,同时为了实时绘制水下沉排施工图像,在沉排数据信息动态表中增加了每次检测过程档案编号字段,从而加强检测过程的有效管理,也加快了数据读取的速度。本数据库中沉排数据信息动态表,如表5-2所示。

**沉排数据信息动态表** 表5-2

| 序号 | 字段说明 | 字段名称 | 字段类型 | 单位 | 小数 | 是否为空 | 缺省值 |
|---|---|---|---|---|---|---|---|
| 1 | 序号 | SDI01 | 自动编号 | | 0 | Y | |
| 2 | 检测过程号 | SDI02 | 数字 | | 0 | N | |
| 3 | 经度 | SDI03 | 数字 | (°) | 6 | N | |
| 4 | 纬度 | SDI04 | 数字 | (°) | 6 | N | |
| 5 | 水深值 | SDI05 | 数字 | (m) | 2 | N | |
| 6 | 采集时间 | SDI06 | 文本 | | | Y | Now |
| 7 | 存储时间 | SDI07 | 文本 | | | Y | Now |

### 5.1.3 系统实现

1)系统运行环境

在计算机上安装Windows XP系统或者Windows 7系统和ACCESS数据库。

2)硬件配置

本系统需要使用Intel酷睿i3及以上类似CPU处理器;内存1G以上;推荐使用独立显卡;要求40G以上的硬盘。

3)系统使用

在Microsoft Visual C++6.0打开.dsw工程文件,运行进入系统主界面见图5-10。

图5-10 系统主界面

在系统主界面可以看到系统上端为状态栏,状态栏显示系统的运行时间和日期,在状态栏右上角分别有“使用说明”按钮和“退出”按钮。单击“使用说明”按钮可以看到系统使用说明书,单击“退出”按钮则可以顺利退出系统。

系统主界面的左边是功能栏,功能栏分别由沉排检测模块、数据回放模块、搭界分析模块和系统管理模块构成,下面将详细介绍不同模块的功能和操作说明。

(1)沉排检测。

单击“沉排检测”按钮进入沉排检测主界面。沉排检测主要包括如下功能:参数设置、路径设置、声呐仿真、沉排检测、显示工具栏和隐藏工具栏。工具栏功能如图 5-11 所示。

图 5-11　沉排检测功能栏

单击“参数设置”功能,设置外部声呐设备工作参数、显示参数等,包括:扫描范围、使用频率、显示模式等,如图 5-12 所示。

单击“路径设置”,弹出“选择采集数据路径”窗口,在该窗口中找到需要设置的路径。系统采集数据时,自动根据当前时间命名采集数据文件,并保存到指定路径中,如图 5-13 所示。

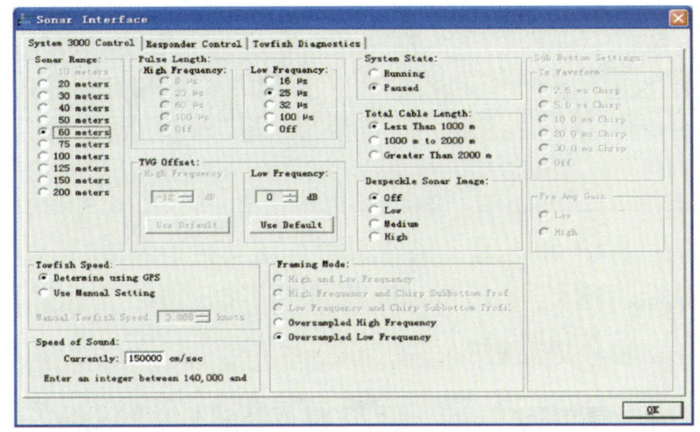


图 5-12　参数设置

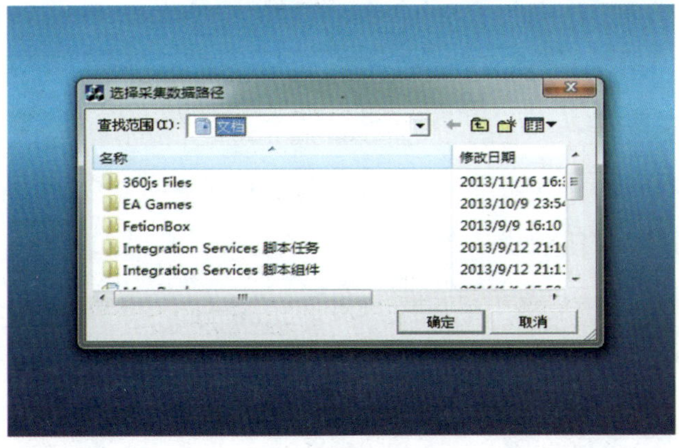


图 5-13　选择采集数据路径

选择“声呐仿真”按钮,出现图 5-14 和图 5-15 所示的仿真成像效果。该探测成像是系统仿真器模拟声呐工作原理返回的虚拟信号,该图为动态图。

图 5-14　声呐仿真成像加载中

图 5-15　声呐仿真成像加载完成

单击“显示工具栏”按钮,出现图 5-16 工具栏。工具栏上包括“停止”按钮、“显示切换”按钮以及声呐位置坐标的显示。在检测过程中,系统根据声呐当前位置,实时刷新检测位置动态信息。当选择“停止”按钮时,系统终止检测,停止刷新。

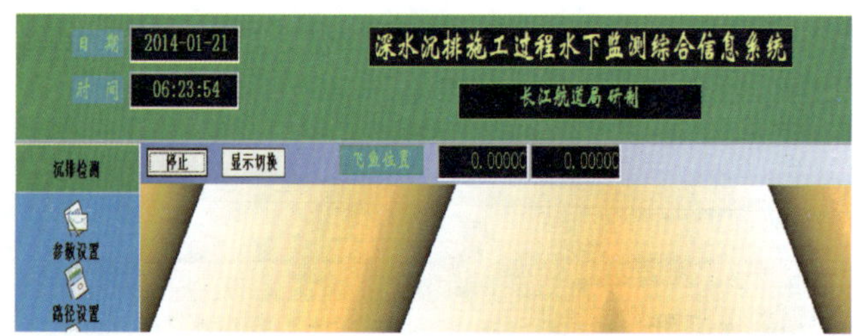


图 5-16　显示声呐仿真工具栏

选择“隐藏工具栏”按钮,如图 5-17 所示界面会隐藏工具栏。

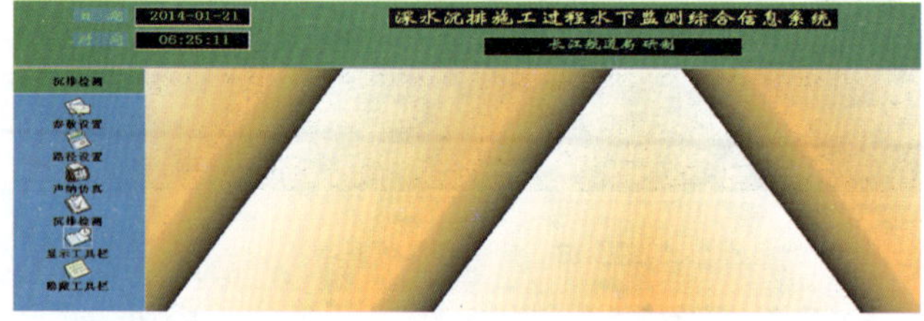


图 5-17　隐藏声呐仿真工具栏

单击“沉排检测”按钮，如图 5-18 所示。系统开始实时扫描检测工作，返回数据将自动成像并实时显示。

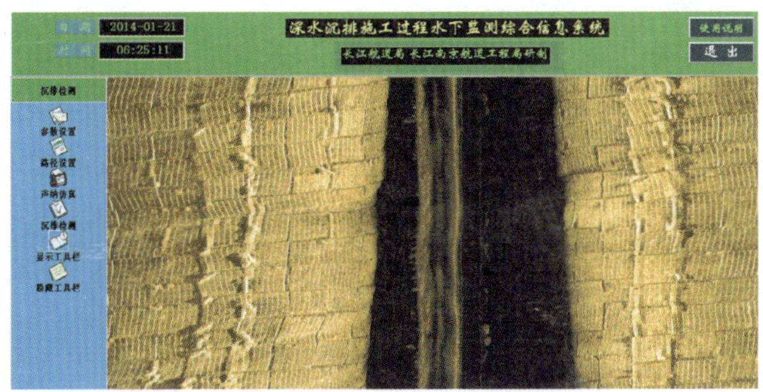


图 5-18　沉排动态检测画面

在工具栏上单击“显示切换”按钮，如图 5-19 所示，切换显示方式。由于侧扫声呐在正下方无信号返回，正常扫描范围是拖鱼两侧。切换显示方式可选择显示：左侧、右侧、两侧。

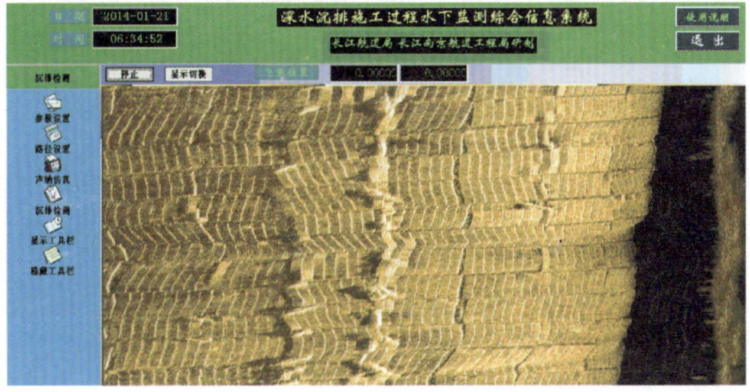


图 5-19　沉排动态检测显示方式切换画面

（2）搭界分析。

单击“搭界分析”按钮进入地形漫游主界面，如图 5-20 所示。

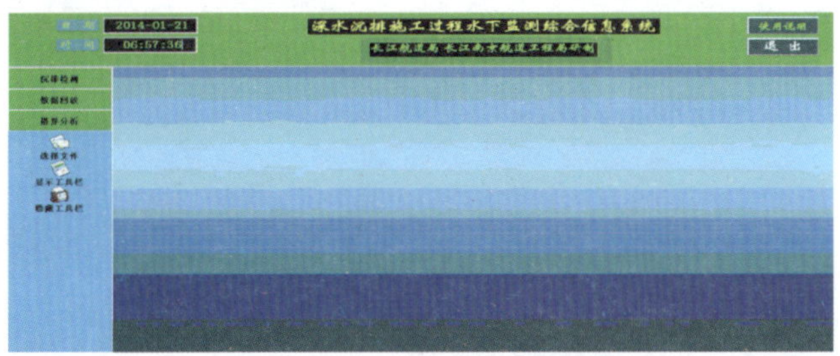


图 5-20　地形漫游主界面

图 5-21　搭界分析功能栏

搭界分析主要包括如下功能：选择文件、显示工具栏和隐藏工具栏。工具栏功能，如图 5-21所示。

单击“选择文件”按钮，弹出“打开”窗口，在“打开”窗口中找到需要的数据文件，选择该. sdf 文件，加载到界面中。操作如图 5-22 和图 5-23 所示。

选中数据文件后，系统就将地形图加载到界面中，用户可以通过工具栏的工具，根据需要对铺排检测进行分析操作。铺排扫描图加载，如图5-24所示。

图5-22　查找数据文件

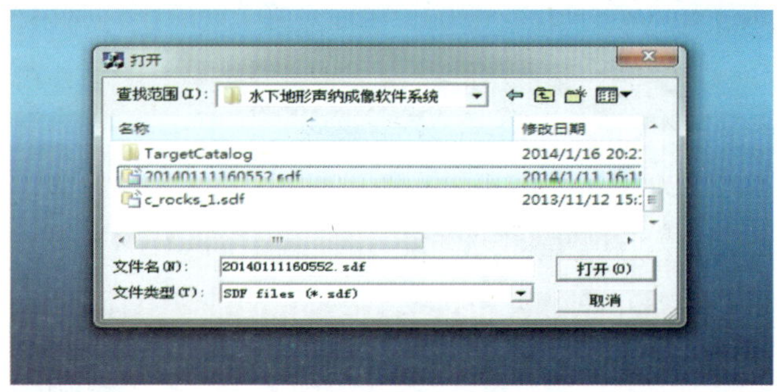


图5-23　选择数据文件

图5-24　加载铺排检测图完成

单击“显示工具栏”出现工具栏，工具栏中提供如下功能：移动图像、放大图像、缩小图像。当用户选定图中任意点，工具栏上的坐标会改变，如图5-25所示。按住鼠标可以向左向右拖动图片，效果如图5-26和图5-27所示。选择工具栏的“放大”按钮，可以放大图像，如图5-28所示；选择工具栏的“缩小”按钮，可以缩小图像，如图5-29所示。

单击“放大”、“缩小”按钮，则可以放大、缩小图像。

单击工具栏中“识别”功能，系统自动识别边界宽度和选择图像区域宽度，如图5-30所示。

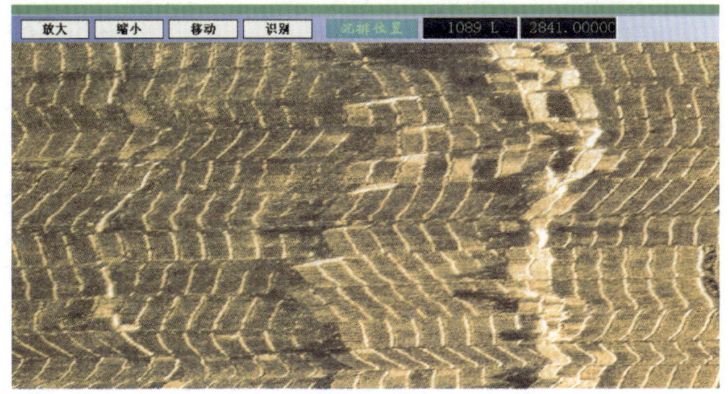


图 5-25　选中图像任意一点

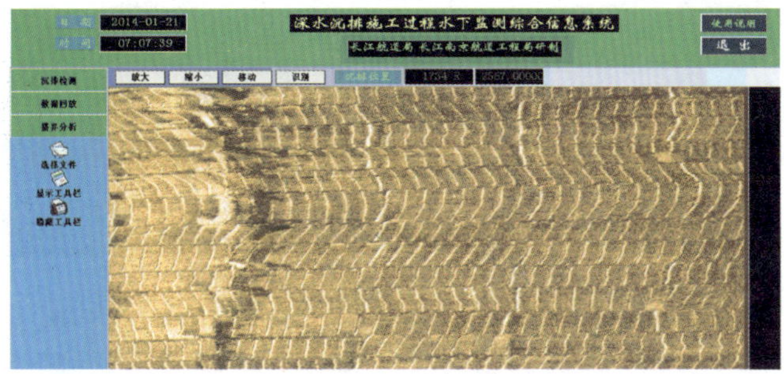


图 5-26　向左移动图像

图 5-27　向右移动图像

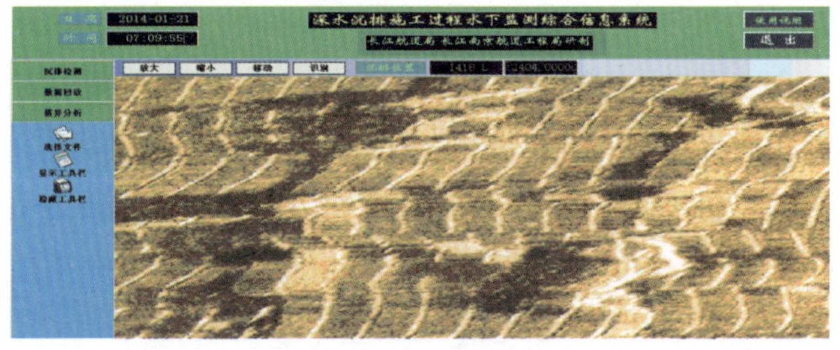


图 5-28　放大图像

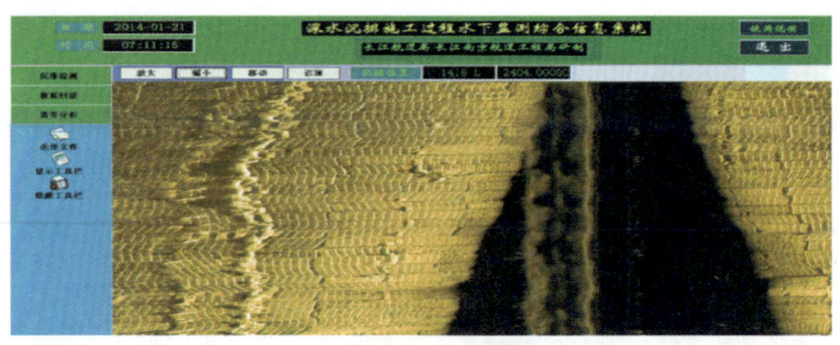


图 5-29　缩小图像

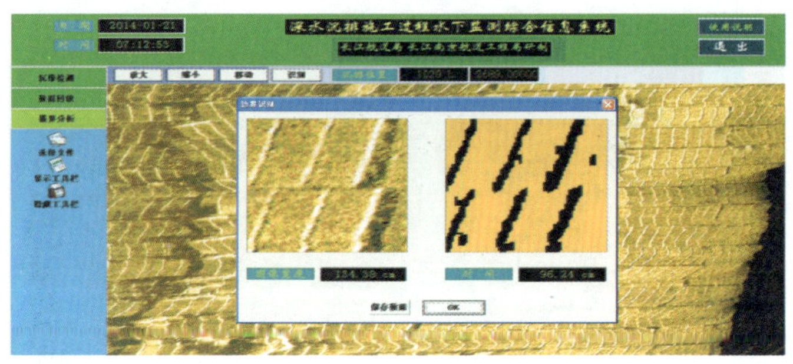


图 5-30　搭界图像识别

## 5.2　沉排施工状态判别技术

通过侧扫声呐检测获取沉排施工状态的过程中，由于复杂多变的长江环境，泥沙、水流的变化，声波的折射以及严重的江水环境噪声和设备噪声的干扰等因素，都造成了声呐图像目标轮廓模糊、斑点噪声强等降质现象。此外，在实际的声呐扫描过程中，由于其扫描范围的限制，导致目标不能一次完整成像，同时拖鱼和测量船都会受到风浪影响，原始采集图像存在扭曲畸变现象。针对上述问题，需要研究侧扫声呐图像的畸变复原、拼接及伪彩色增强技术。铺排完成后，需要对排体之间的搭接宽度进行计算，以保证排体搭接的质量，为此研究沉排检测图像中排体搭接区域识别。

### 5.2.1　侧扫声呐图像的畸变复原

在总结研究成果和实际资料分析的基础上，本书主要解决的声呐图像畸变包括灰度畸变和几何变形。

灰度畸变是指侧扫声呐记录的灰度与实际的反向散射强度存在偏差，影响因素包括声波在船舶过程中能量的衰减、波束指向性及水下环境噪声等。

几何变形是指声呐图像并不是严格按比例记录江底沉排，影响因素有船速、江底地貌等，其中主要的变形是斜距变形和速度失真。斜距变形是指侧扫声呐的换能器向江底发射扇形声波，并接收倾斜方向江底的反向散射声波，声呐图像上的扫描线反映的是换能器到江底的倾斜距离，因此产生横向比例不统一，引起目标横向变形。速度失真是指在实际测量中，由于船速的不同，导致声呐图像、横向和纵向的比例不一致。

1)灰度畸变复原

侧扫声呐图像通常会出现灰度不均的现象。在沿航迹线的方向,因为波浪起伏、拖鱼姿态的倾斜或者人为的调校等因素影响造成回波强度的起伏,尤其是拖鱼倾斜时,会造成左右两舷回波强度相差很大;而在垂直于航迹的方向上,由于声波在传播过程中能量的衰减,以及各个散射点掠射角的不同,造成接近拖鱼位置的回波强度偏强,而远处偏弱。为了消除灰度畸变,在借鉴地震数据处理中振幅增强的方法的基础上,将平均振幅增益控制和斜坡加权平均两种方法结合,提出了平均灰度增益控制的方法,将灰度调整到一定的恒定水平。平均灰度增益控制是指将 ping 内的采样点分成若干个时窗,在窗口内的灰度值采用平均振幅增益控制的方法把窗内灰度值均补偿到用户给定的期望灰度值,为了消除窗口间灰度值的突变,采用斜坡加权平均的方法处理重叠窗口的灰度值。具体实现方法如下:

(1)确定窗口的长度。

时窗的长度由人工指定,从 ping 的起点向末端滚动。相邻时窗一般重叠半个窗口,如果到 ping 的末端时不够半个时窗长度,则从 ping 的末端最后一个样点倒推,计算半个时窗样点灰度的均值。

(2)计算每个窗口内样点灰度值的平均值,即:

$$\overline{A_j} = \frac{\sum_{i=1}^{N} a_i}{N} \tag{5-1}$$

由于侧扫声呐数据采集时记录的是振幅强度,所以不需要对 $a_i$ 求绝对值。

(3)求取补偿因子。

每个窗口内的期望灰度值 $M$ 可以采用整个声呐图像样点灰度值的均值,也可以由人工指定。补偿因子 $F_j$ 的计算公式为:

$$F_j = \frac{M}{\overline{A_j}} \tag{5-2}$$

(4)计算窗口内样点新的灰度值 $a_i$ ,即:

$$a_i = a_i \times F_j \tag{5-3}$$

(5)重叠窗口样点灰度值的处理。

窗口在滚动过程中,相邻窗口有半个重叠窗口,为了消除样点灰度值的突变,可以采用斜坡加权平均的办法处理相邻两个时窗内的灰度值。如图 5-31 所示,虚线表示重叠窗口,将上面窗口中计算出的样点灰度值乘以权系数,其权系数从上到下线性地从 1 减小到 0;下面窗口计算出的样点灰度值也乘以权系数,其权系数从上到下线性地从 0 增加到 1,这样对于重叠部分任意采样点,上窗口的权系数与下窗口的权系数之和都为 1,最后将得到的样点灰度值相加,即得到重叠部分样点的灰度值。

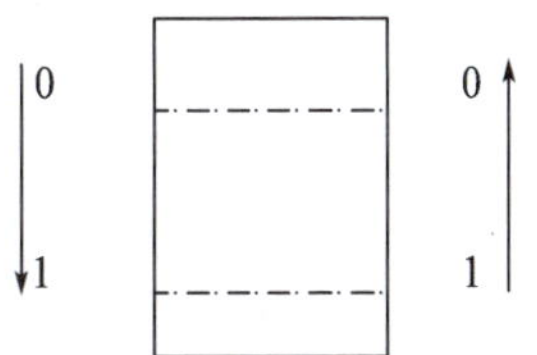

图 5-31　斜坡加权平均示意图

需要指出的是,由于水体的灰度值和扫测区域的灰度值相差很大,进行平均灰度增益控制法计算时起点应该为海底线,而不是零线。

2)几何变形复原

声呐图像的几何变形包括斜距变形、速度失真等。传统的几何变形复原是将斜距变形,速度失真一个个分开单独改正,消除几何变形,但实际上这样做有着很大的弊端,因为各种变形混合在一起,很难消除,如果方法不当,还可能造成新的变形。在综合考虑各种变形的基础上,提出了一种整体改正的方法,把声呐图像投影到实际地理坐标系中,对侧扫声呐图像进行归位,将各种变形综合考虑,使声呐图像纵横比例相等,消除几何变形。具体的实现方法如下:

(1)进行江底追踪,求出拖鱼离江底的高度。

在侧扫声呐采集的数据中记录了拖鱼离江底的高度,但是由于受到环境噪声的影响,拖鱼离海底的高度有时并不准确,可以采用振幅法、梯度法、边缘检测等方法求出拖鱼离海底的高度。

(2)计算江底回波点的平均。

在江底可以近似看作是一个水平面的情况下,江底回波点的平均可以用下式计算,即:

$$GR = \sqrt{SR^2 - H^2} \tag{5-4}$$

式中:GR——平距;

SR——斜距;

$H$——拖鱼离江底的高度。

式(5-4)中拖鱼离江底高度已知,因此要想求出 GR,还要求出斜距。

在侧扫声呐采集的数据文件中记录了最大斜距。由于采样时间的间隔相同,假定声速不变,可以推算出每个江底回波点的斜距,即:

$$SR = \frac{SR_{max}}{N} \times num \tag{5-5}$$

式中:SR——回波点斜距;

$SR_{max}$——最大斜距;

$N$——ping 的采样点总数;

num——江底回波点的序号。

(3)航迹点坐标的处理。

从侧扫声呐数据文件中提取航迹坐标,一般为经纬度坐标,可根据要求选择合适的投影,转换为平面直角坐标。

GPS 导航定位坐标一般为每秒更新一次,而侧扫声呐的发射频率一般为每秒十次,甚至更高,这样会造成航迹点坐标的重复,所以必须对航迹点坐标进行插值。此外,GPS 导航数据的跳点和拖鱼航向的变化会导致扫描线交叉,因此还必须对航迹点坐标进行平滑。

(4)计算海底回波点的坐标。

一般认为扫描线与航迹线是垂直的,因此可以根据航迹线的斜率求出扫描线的斜率,进而求出每个回波点的坐标,如图 5-32 所示。

每个回波点的坐标:

$$\begin{aligned} x &= R\cos\theta \\ y &= R\sin\theta \end{aligned} \tag{5-6}$$

式中：$x,y$——回波点的横坐标和纵坐标；

$R$——平距；

$\theta$——扫描线水位倾斜角度。

（5）生成改正后的声呐图像，并填补图像缝隙。

生成改正后的声图，会发现图像上很多空隙。这是因为扫描线与航迹线垂直，其实是假定每一个像素点不论远近都是一个像素点的宽度，但是声波是以球形波形式扩散的，在一个平面内为接近扇形传播，如果航迹不是直线时，这时图像就会出现缝隙。

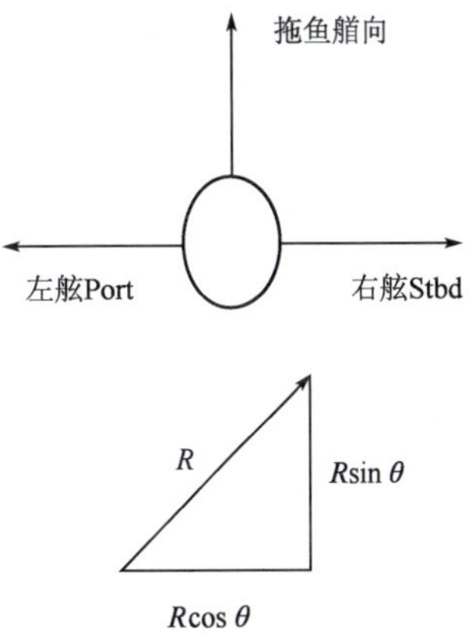

图 5-32　计算航迹点地理坐标的示意图

对于图像缝隙的处理，实际上，由于侧扫声呐的采样率高达每秒几千点甚至数万点，远高于实际的图像分辨率。因此，填补间隙时，只需将每个扫描点的宽度加大即可，虽然这样会造成图像的最外端出现条纹，但是这样不仅可以消除裂缝，减少了计算量，还保证了图像的连续性，而且能够保证像素点的灰度值是最强的。而声呐图像边缘出现的条纹对于整个声图的影响是微不足道的。

### 5.2.2　侧扫声呐图像的拼接

利用图像拼接技术可以很好地解决声呐图像实时显示时由于扫描范围不够而导致目标无法全部显示的问题，图像拼接技术就是将一组相互存在重叠区域的图像序列实施配准、融合形成一幅包含各图像序列信息的、宽视野的、完整的、高分辨率的图像。主要包括图像配准和图像融合两个方面。

1）特征点检测和描述。

点特征是图像的一种基本特征，采用 SURF 算法检测并描述特征点。

（1）特征点检测。

SURF 算法对特征点的检测基于尺度空间理论，使用 Hessian 矩阵的行列式的极大值来检测特征点。假设 $X(x,y)$ 为图像 I 中的一点，在尺度 $\sigma$ 下，$X$ 处的 Hessian 矩阵 $H(X,\sigma)$ 为：

$$H(X,\sigma) = \begin{bmatrix} L_{xx}(X,\sigma) & L_{xy}(X,\sigma) \\ L_{yx}(X,\sigma) & L_{yy}(X,\sigma) \end{bmatrix} \tag{5-7}$$

式中：$L_{xx}(X,\sigma)$、$L_{xy}(X,\sigma)$、$L_{yy}(X,\sigma)$——高斯二阶微分在 $X$ 处 $x$、$xy$ 和 $y$ 方向与图像 I 的卷积。

Bay 等采用 $9\times9$、$\sigma=1.2$ 方格滤波器近似代替高斯二阶微分，该处理也使用于声呐图像特征提取，简化的 Hession 矩阵行列式为：

$$\mathrm{Det}(H_{\mathrm{approx}}) = L_{xx}L_{yy} - (0.9L_{xy})^2 \tag{5-8}$$

经过构建多尺度的图像金字塔，在不同尺度上寻找特征点，对其进行精确定位之后可以得到稳定的 SURF 特征点。

（2）特征点描述子。

特征点描述子描述了由快速 Hessian 检测出的特征点周围小邻域范围内灰度的分布情况，主要包括主方向和特征向量两部分。主方向检测以特征点为中心，在半径为 $6\sigma$ 的圆形区域内，计算 $x$ 和 $y$ 方向上的 Harr 小波响应值，在 60°的扇形内，以窗口内图像的 Harr 小波响应值 dx、dy 进行累加，若某个方向的 Harr 小波响应累加值最大，即该方向矢量最长，为特征点的主方向。

以特征点为中心，构建一个边长为 $20\sigma$ 的矩形描述子窗口，窗口方向与特征点的主方向保持一致。描述子窗口划分为 $4\times4$ 的规则子窗口，计算每个子窗口内 $x$、$y$ 方向的 Harr 小波响应 dx 和 dy，对子窗口内的响应系数进行累加构造思维矢量 $v=[\sum dx \quad \sum dy \quad \sum|dx| \quad \sum|dy|]$，所有子窗口的向量构成特征点的 64 维特征矢量。

2）图像配准

完成特征点的检测之后，利用计算特征向量间欧式距离的方法来实现参考图像与待拼接图像之间的特征点匹配：当两幅图像的 SURF 特征向量生成后，采用特征向量间欧式距离作为两幅图像中特征点的相似性判定度量；首先取参考图像中的某个特征点并在待拼接图像中找出与该点欧式距离最近和次近的两个特征点，如果最近距离与次近距离的比例小于 60%，则认为最近的这一对特征点为对应的匹配点对；遍历参考图像中的特征点，找出所有潜在的匹配点对。

通过两幅图像之间的特征点匹配关系，估计两幅图像之间的几何变换模型；采用 628 个分布均匀的匹配点对，通过直接线性变换算法求取变换矩阵的最小二乘解，实现对单应矩阵 $H$ 的估计。

通过单应矩阵 $H$ 把待拼接图像中的每一点映射到参考图像中，并对图像进行插值处理；在完成几何变换模型的估计之后，利用得到的单应矩阵 $H$ 把待拼接图像中的每一点映射到参考图像的坐标系中，运用双线性插值方法处理图像，对那些映射后没有落在整数网格上的点进行取整处理。

选择第一帧声呐图像作为参考图像，第二帧声呐图像作为待拼接图像，对第一帧和第二帧声呐图像进行上述步骤的配准处理。然后每次将前一次得到的配准图像作为参考图像，与下一帧声呐图像进行配准，直至完成整个声呐图像序列的配准工作，实现所有声呐图像之间的配准。

3）图像融合

如果在图像拼接过程结束之后，只是根据该过程中所得到的两幅相邻图像之间的重叠区域信息，将两幅图像简单地叠加起来，那么，在它们的接合部位必然会产生清晰的拼接缝隙，这也就达不到图像无缝拼接的要求。如何处理图像拼接过程中无法解决的缝隙问题，实现真正意义上的无缝拼接，正是图像融合过程中所要解决的问题，图像融合就是要消除图像强度或色彩的不连续性。它的主要思想是让图像在拼接处平滑过渡以消除视觉突变，图像融合采用加权平滑法来实现。

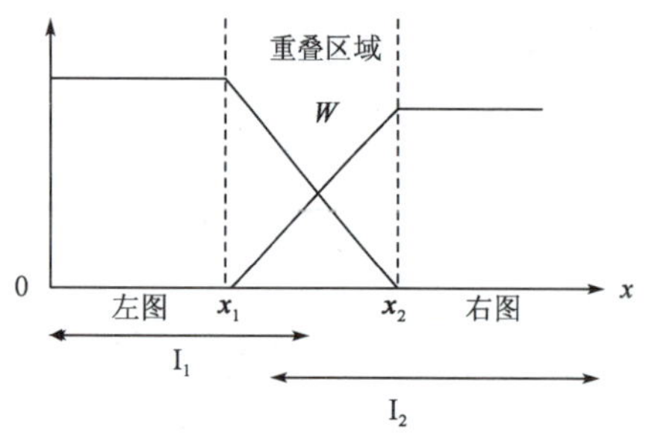

图 5-33 加权平滑算法示意图

加权平均法的主要思想是：在重叠部分由前一幅图像慢慢过渡到第二幅图像，即将图像叠加区域的像素值按一定的权值相加合成新的图像。如图 5-33所示，相邻图像 $I_1$、$I_2$ 在区间 $[x_1, x_2]$ 重叠，$W_1(x)$、$W_2(x)$ 为加权函数，一个常用的加权函数如下式：

$$W_1(x) = 1 - W_2(x) = 1 - i/W \qquad (5\text{-}9)$$

式中 $0 \leqslant i \leqslant W$，$W$ 为重叠区域的宽度，那么重叠图像 I 在这个区间上 $(x,y)$ 点的像素值如下式：

$$I(x,y) = I_1(x,y) \times W_1(x) + I_2(x,y) \times W_2(x) \tag{5-10}$$

利用加权平滑法进行图像融合只需根据参考图像和待拼接图像中所找到的配准位置计算出重叠区域的范围，根据上式计算出重叠区域内各像素的值即可，该方法算法简单又便于理解。

综上所述，声呐检测沉排图像拼接的基本流程如图 5-34 所示。

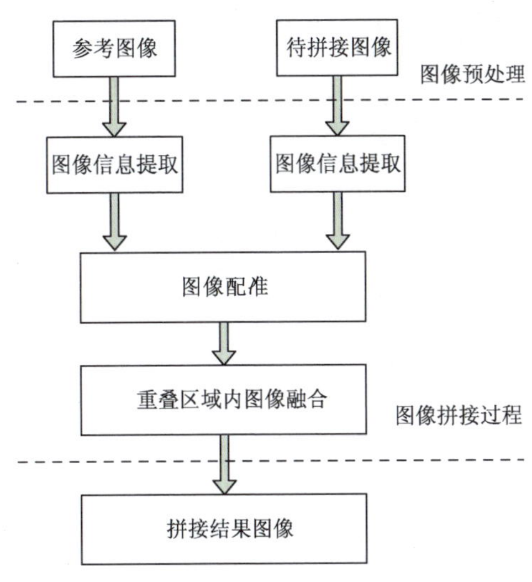


图 5-34　沉排图像拼接过程流程图

### 5.2.3　软体排图像搭接宽度识别

铺排搭接区域声呐图像分割技术是铺排搭接宽度测量的基础，声呐图像由目标高亮区、阴影区和背景区三部分组成。目标高亮区主要是声波在目标表面的反射造成的区域，而阴影区是目标物的遮挡使得声波难以到达造成的区域。水下图像分割的目的就是要从复杂背景区中提取出目标高亮区和阴影区，并尽量保留图像原始边缘信息。声呐图像分割以后，提取目标高亮区和阴影区的轮廓可以用到特征提取的过程中。MRF 理论为近年来研究比较多的适用于声呐图像分割的分割算法，由于基于 MRF 理论的分割方法能够准确描述像素之间相关性，因此对水下铺排搭接区域的分割采用基于 MRF 的水下声呐图像目标分割方法，采用平面 MRF 模型和空间分层 MRF 模型的声呐图像目标分割，在 MAP-MRF 体系框架下，利用局部优化算法中的 ICM 算法，来实现铺排搭接宽度的识别。

1）平面 MRF 模型的水下声呐图像分割

图像检测分割问题实际上是如何从观测到的图像数据中获取图像真实的类别标记分布的问题。MRF 理论在实际的应用中常常与统计决策和估计理论相结合，根据一定的最优化准则来确定目标函数。其中，最大后验概率（Maximum A Posteriori，MAP）估计是最常用的优化准则，也是 MRF 建模中最受欢迎，并且是使用最多的一个优化准则。MAP 是一种全局贝叶斯（Bayesian）估计方法，它是在给定观测场的条件下，使标记场的全局后验概率分布达到最大。在 MRF 理论中，MAP 准则被简化为对全局能量函数进行最小化，可以通过后验能量函数的优化算法来计算。

(1)MAP-MRF 体系

对于声呐图像,将待分割的原始声呐图像称为观测场 $Y$,而将分割后的真实图像称为标记场 $X$,$X=\{X_s,s\in S\}$,其中 $S$ 表示像素点位置的集合,$s$ 表示某像素点的位置。记 $X_S=\{s\in S:x_s=e_0,x_s=e_1,x_s=e_2\}$,其中 $e_0$ 表示标记为背景区,$e_1$ 表示标记为阴影区,$e_2$ 表示标记为目标高亮区。声呐图像每个点的像素 $Y_S$ 都对应于 $X$ 中的一个标记 $X_S$。

对于任意点像素 $Y_S$,根据贝叶斯定理,令 $P(Y)$ 和 $P(X)$ 分别是观测序列 $Y$ 和标记序列 $X$ 的概率,则在给定观测声呐图像 $Y$ 的情况下标记为 $X$ 的后验概率分布为:

$$P(X=x\mid Y=y)=\frac{P(Y=y\mid X=x)\cdot P(X=x)}{P(Y=y)} \tag{5-11}$$

式中:$P(X=x)$——先验的 Gibbs 分布,满足马尔可夫性;

$P(Y=y|X=x)$——似然函数,为给定标记 $X$ 下得到观测图像 $Y$ 的条件概率;

$P(Y=y)$——观测图像的先验分布,即一个未知的常数。

分割的目的就是在已知观测图像数据的基础上,求得使 $P(X=x|Y=y)$ 最大的分割 $\hat{x}$。即:

$$\begin{aligned}\hat{x}&=\mathrm{argmax}_{x\in\Omega}\{P(X=x\mid Y=y)\}\\&=\mathrm{argmin}_{x\in\Omega}\{-\ln P(Y=y\mid X=x)-\ln P(X=x)\}\end{aligned} \tag{5-12}$$

由于需要计算式(5-11)所有可能状态的后验概率,所以如果直接进行求解上述贝叶斯估计具有指数的复杂性,很难实现。因此为了获得最优解不能够利用遍历的方法来搜索整个空间,而是需要通过优化能量函数的方法来解决。

根据 Hammersley-Clifford 定理,$X$ 的先验概率由 MRF 模型建立,利用 Gibbs 分布得:

$$P(X=x)=\frac{1}{z}\cdot\exp[-u(x)] \tag{5-13}$$

在 MRF 模型体系中,设在声呐图像标记已知的情况下,每个位置单元 $s$ 处的条件概率 $P(Y_s|X_s)$ 互相独立,此假设与实际情况是相符的。有式:

$$P[Y=y\mid X=x=\Pi_{s=1}^{s}P(y_s\mid X=x)]=\Pi_{s=1}^{s}P(y_s\mid X_s) \tag{5-14}$$

令 $U(y|x)=-\sum_{x\in S}\ln[P(y_s|\mathrm{x}_s)]$,根据式(5-11),$P(X=x|Y=y)$ 应满足:

$$P(X=x\mid Y=y)\propto\exp\{-[u(y\mid x)+u(x)]\} \tag{5-15}$$

$$U(X=x\mid Y=y)=-\ln[P(Y=y\mid X=x)]=U(y\mid x)+U(x) \tag{5-16}$$

所以,基于 MRF 的声呐图像检测可以在已知观测声呐图像的基础上,使最大后验概率 $P(X=x|Y=y)$ 与最小化后验能量函数 $U(x|y)$ 相互等价,即声呐图像类别标记的 MAP 估计转换成了求解最小化后验能量函数,来实现水下声呐图像目标检测,见式(5-17):

$$\hat{x}=\mathrm{argmin}_{x\in\Omega}\{U(x\mid y)\} \tag{5-17}$$

通过式(5-17)可以看出,后验能量函数由两部分组成:一是观测场上每个位置单元 $s$ 类别标记的条件概率,只和观测值本身的分布有关,与其他无关;二是声呐图像作为二维随机场,其中每个点的类别标记都受其邻域的影响。即图像像素邻域内的标记值具有相关性。

(2)后验能量函数优化算法。

通过上述分析可知,在水下声呐图像目标检测过程中,求解 MAP 估计已经转换成求解最小后验能量函数问题。局部优化算法,所需计算时间较少,并且收敛的速度较快,因此在实际应用中常常被采用,因此本文在声呐图像的具体应用中,采用局部优化算法中的 ICM 算法。

由于采用的是 MAP-MRF 体系,因此很难在实际应用当中对一个 MRF 的联合概率进行最大化。所以,ICM 算法在给定观测声呐图像数据 $Y=\{y_1,y_2,\cdots,y_S\}$ 和其他像素位置单元的标记值 $X_s^t(\forall_s \epsilon S)$ 的情况下,通过联合概率的最大化,依次将 $X_s^t$ 更新为 $X_s^{t+1}$。ICM 算法在具体应用时需要预先有两个前提假设:

①被观测的各个像素点是相互独立的,每个 $y_s$ 都只是拥有同样的条件概率密度函数 $P(y_s|x_s)$,仅是条件依赖于 $x_s$,因此有:

$$P(Y=y \mid X=x)=\Pi_{s=1}^{s} P(y_s \mid x_s) \tag{5-18}$$

②$x_s$ 的取值只依赖于其邻域的取值,这就是马尔可夫性。由上面两个假设以及贝叶斯定理,可以得到:

$$P(x_s \mid y_s) \propto P(y_s \mid x_s) \cdot P(x_s) \tag{5-19}$$

对式(5-19)的最大化等价于式(5-20)对应的后验能量函数的最小化:

$$\hat{X}_s^{t+1}=\operatorname{argmin}_{x_s \in \Omega} U(X_s \mid y_s) \tag{5-20}$$

式中:$U(x_s|y_s)=\sum_{s \in S} U(y_s|x_s)+U(x_s)$。

当依次对每个 $x_s$ 进行最小化更新时,就形成了迭代 ICM 算法,通常 ICM 算法收敛的速度比较快。

(3)改进的模型参数估计。

MRF 参数 $\phi$ 包含两部分 $\phi_x$ 和 $\phi_y$,$\phi_x$ 是平面结构中 Gibbs 分布的基团参数。$\phi_y$ 是概率分布模型参数。

具体应用到水下声呐图像目标检测问题上,概率分布模型参数即是声呐图像的灰度分布模型参数,对于水下声呐图像背景区的分布用威布尔分布模型 $W(\min_0,C_0,\alpha_0)$ 来描述;阴影区的分布用威布尔分布模型 $W(\min_1,C_1,\alpha_1)$ 来描述;目标高亮区的分布提出利用正比例分布模型来描述。因此,概率分布模型参数集合为 $\phi_y=\{\hat{\min}_0,\hat{C}_0,\hat{\propto}_0,\hat{\min}_1,\hat{C}_1,\hat{\propto}_1,\hat{r}\}$。

对于 MRF 模型参数的估计,采用常用的最小二乘法进行估计。由 Hammersley-Clifford 定理得:标记场是像素位置集合上的一个对于邻域系统 $\eta$ 的 MRF,当且仅当它的联合分布是与邻域系统有关基团的 Gibbs 分布。有:

$$P_{x_s|x_{v_s}},\phi_x(x_s \mid \phi_x) \propto \exp\{-U(x_s \mid \eta)\} \tag{5-21}$$

式中:能量函数 $U(x_s|\eta)=\sum_{i=1}^{12} \propto_{x_{s,i}} \beta_i$。$X_{v_s}=(u_1,u_2,u_3,u_4,V_1,V_2,V_3,V_4,)$ 为像素点 $X_s$ 的二阶邻域结构,在此二阶邻域系统基团中,对于任意方向相同的两个基团,当 $X_s$ 与两个基团中相对应的另一像素点的类别都不同时,$\propto_{x_{s,i}}$ 取值为 2;当 $X_s$ 与两个基团中相对应的另一个像素点的类别有一个不同时,$\propto_{x_{s,i}}$ 取值为 1;否则,取值为 0。则:

$$\ln \frac{P_{x_s|x_{v_s}}(e_j \mid \eta)}{P_{x_s|x_{v_s}}(e_k \mid \eta)} = \ln \frac{P_{x_s,x_{v_s}}(e_j,\eta)}{P_{x_s,x_{v_s}}(e_k,\eta)} = \sum_{i=1}^{12}\alpha_{e_k,i}\beta_i - \sum_{i=1}^{12}\alpha_{e_j,i}\beta_i \tag{5-22}$$

式(5-22)中左边的联合分布可近似用下式代替：

$$\ln \frac{P_{x_s,x_{v_s}}(e_j,\eta)}{P_{x_s,x_{v_s}}(e_k,\eta)} \approx \frac{\mathrm{NUM}\{s \in s:x_s = e_j \cdot \eta\}}{\mathrm{NUM}\{s \in s:x_s = e_k,\eta\}} \tag{5-23}$$

式中，NUM{·}表示整幅声呐图像中满足{·}内条件的总个数。对于整个声呐图像，可列出多个含模型参数的表达式，使用最小二乘法即可解出。

通过以上的模型参数估计，后验概率 $P(X=x|Y=y)$ 对应的能量函数具体可以表示为：

$$U(X|Y) = -\sum_{s\in S}\ln P_{y_s|x_s}(y_s \mid x_s) + \sum_{(s,t)\in s}\beta_{s,t}[1-\delta(x_s,x_t)] \tag{5-24}$$

式中：$P_{y_s|x_s}(y_s|x_s)$——位置点 $x_s$ 的分布概率；

$\beta_{s,t}=\{\beta_1,\beta_2,\cdots,\beta_{12}\}$ 与邻域中各点基团的组合方向和像素标记组合有关；

$\delta(x_s,x_t)$——Kronecker 函数。

2）空间分层 MRF 模型的水下声呐图像分割

在以往的研究中，已有两类分层 MRF 模型参数包括两类分割的空间邻域 MRF 模型参数和层次间相互作用的模型参数，用于分层 MRF 两类分割中。在此基础上把新建立的 3 类分割空间邻域 MRF 模型参数和层次间相互作用的模型参数，应用于分层 MRF3 类分割中，得到最终精确的分割结果。

（1）空间分层 MRF 模型

令观测图像对应的随机场为 $Y$，它位于二维位置集合 $S$ 中。$X$ 是不可观测的随机场，$X$ 的一个像素代表 $Y$ 中对应像素所属类别的标记，图像分割就是要确定图像中各个像素的类别标记。$X$ 是由多层随机场组成的，记为 $X^0,X^1,\cdots,X^L$，将分层 MRF 模型分为 $L+1$ 层，其中，$X^0$ 是最下层，大小和 $Y$ 相同，对应于最精确的层次。$X^L$ 是最上层，是一个粗糙平面，对应于最粗糙的层次，这样就使模型的层数比分层 MRF 模型的层数大大减少，相当于只取原分层 MRF 模型整个层数的下几层结构（即相当于原分层 MRF 模型的结构截断）。定义除 $X^L$ 层的任意层为 $X^l$，则 $X^l$ 层中每一个节点都对应 $X^{l+1}$ 层中唯一的一个“父节点”，相反，$X^{l+1}$ 层中每一个节点都对应 $X^l$ 层中四个“子节点”。

根据贝叶斯理论定理，后验概率分布可以如下式：

$$P(X=x \mid Y=y) = \prod_{s\in s^L}P(x_s \cdot x_{o(s)}) \cdot \prod_{s\in s}P(y_s \mid x_s) \cdot \prod s \notin s^L P(y_s \mid x_{p(s)}) \tag{5-25}$$

式中：$P(x_s \cdot x_{o(s)})$——模型中最上层平面内的先验分布概率；

$P(y_s|x_s)$——似然函数集合；

$P(y_s|x_{p(s)})$——转移概率集合。

分层 MRF 模型常用的估计算法为 MAP 和最大后验边缘概率（Maximizer of the Posterior Marginals，MPM）估计，利用自底向上和自顶向下的逐层计算来得到分割结果。

对于不完全分层 MRF 模型虽然最上层为一个平面，但这并不影响自底向上递归的过程，即自底向上的递归过程仍然保持不变，唯一不同的是在自顶向下递归的时候如何进行初始化，即如何计算 $\hat{x}_s(s\in S^L)$，通过分层 MRF 模型结构可知，在最粗糙层上满足平面 MRF，利用平面 MRF 方法进行初始化，利用 ICM 算法来得到 $\hat{x}_s(s\in S^L)$ 的估计值 $\hat{x}_s$。

(2)分层 MRF 的模型参数估计。

分层 MRF 模型参数 $\Phi$ 包含两部分 $\Phi_x$ 和 $\Phi_y$，而 $\Phi_x$ 又包含两部分 $\Phi_x^{\ 1}$ 和 $\Phi_x^{\ 2}$，其中，$\Phi_x^{\ 1}$ 是平面中 Gibbs 分布的基团参数即平面 MRF 模型参数，$\Phi_x^{\ 2}$ 是不完全分层 MRF 模型中层次之间相互作用的参数即为转移参数；$\Phi_y$ 是概率分布模型参数即是声呐图像的灰度分布模型参数。

如图 5-35 所示，将分层 MRF 模型分为 $L+1$ 层，其中，最底层为 $X^0$ 与原始图像大小相同，最顶层为 $X^L$。定义除 $X^L$ 层的任意层为 $X^l(l=0,\cdots,L-1)$，则 $X^l$ 层中每一个节点都对应 $X^l+1$ 层中唯一的一个父节点，相反，$X^l+1$ 层中每一个节点都对应 $X^l$ 层中 4 个子节点。将 MRF 模型参数 $\beta_1,\beta_2,\cdots,\beta_{12}$ 应用到每一层上，并设置参数 $\beta_{13}$，$\beta_{13}$ 为相邻两层间的相互作用，即当前层的某一位置标记与它的上一层中父节点标记相同，则 $\beta_{13}$ 参加运算；否则，$\beta_{13}$ 不参加运算。对于提出的分层 MRF 模型参数的估计，仍采用常用的最小二乘法进行估计。

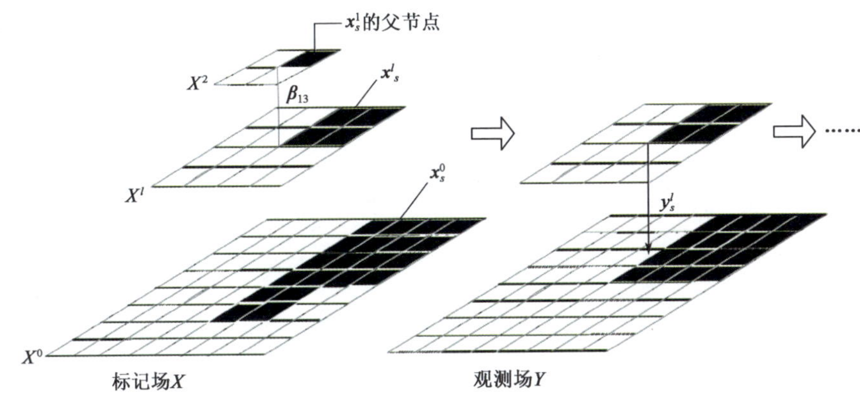


图 5-35　分层 MRF 的目标分割结构图

具体的参数估计方程为：

$$\ln\frac{p_{x_s,x_{v_s}}(x_s^l=e_j,\omega)}{p_{x_s,x_{v_s}}(x_s^l=e_k,\omega)}=\sum_{i=1}^{13}\alpha_j^l\alpha_{ek,i}\beta i-\sum_{i=1}^{13}\alpha_j^l\alpha_{ej,i}\beta i \tag{5-26}$$

式中：$j=0,1,2$；$k=0,1,2$；$j\neq k$；$\omega$ 表示像素点 $X_S^l$ 与它的二阶邻域 $x_{v_s}=(u_1,u_2,u_3,u_4,v_1,v_2,v_3,v_4)\triangleq\eta$ 以及 $x_s^L$ 与它的父节点所组成的结构。当 $i=1,2,\cdots,12$ 时，$\alpha_j^l$ 为在 $X^0$ 层上跨骑在 $x_s^l$ 和 $x_t^l$ 的"后代点"（即两个 $2^l\times 2^l$ 块）之间的位置基团的数目，当 $i=13$ 时，$\alpha_i^l$ 为包含在一个 $2^l\times 2^l$ 块内的位置基团的数目。所以有：$\alpha_1^l=\cdots=\alpha_6^l=[3^l+2(2^l-1)]$，$\alpha_7^l=\cdots=\alpha_{12}^l=1$，$\alpha_{13}^l=4^l$。

所以，根据贝叶斯理论和 Hammersley-Clifford 定理，在第 1 层上的具体后验概率为：

$$P_{X^l|X^{l+1},Y}(x^l\mid x^{l+1},y)\propto\exp\{-U^l(x^l\mid x^{l+1},y)\} \tag{5-27}$$

式中：$U^l(x^l|x^{l+1},y)=-\sum_{s\in S^l}\ln P_{y_s^l|x_s^l}(y_s^l|x_s^l)+\sum_{(s,t)\subset S^l}\alpha_{s,t}^l\beta_{s,t}[1-\delta(x_s^l,x_t^l)]+\sum_{s\in S^l}\alpha_{13}^l\beta_{13}[1-\delta(x_s^l,x_s^{l+1})]$；

$y_s^l$——$X^0$ 层上 $2^l\times 2^l$ 块内点的集合，这些点是 $X^l$ 层上位置点 $x_s^l$ 的"后代点"。

3)基于 MRF 模型的声呐图像分割算法

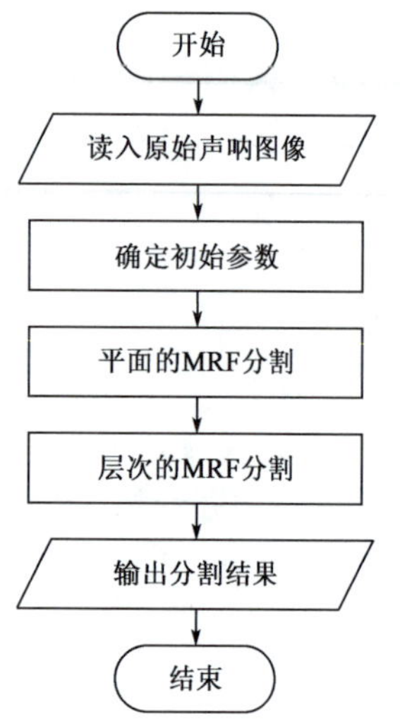

图 5-36　分割算法流程图

通过结合上述平面和分层 MRF 模型的水下声呐图像检测以及水下声呐图像本身的特点,给出了基于 MRF 模型的水下声呐图像具体检测算法,如图 5-36 所示。具体的分割识别过程如下:

(1)确定初始噪声参数和初始的 MRF 模型参数:由块方式的 $K$-均值聚类算法对原始声呐图像进行初始分割,求得初始噪声参数。然后进行最大似然分割,根据分割结果求得初始的 MRF 模型参数。

(2)平面 MRF 分割:利用初始的噪声参数和 MRF 模型参数进行平面 MRF 分割。

(3)空间分层 MRF 分割:在上述分割基础上,通过空间分层 MRF 分割,得到最精确的分割结果。

①块方式的 $K$-均值聚类算法确定水下声呐图像的初始三类分割。

选择 $m \times m$ 的窗口,将原始声呐图像分成 $F$ 个互不重叠的 $m \times m$ 窗口,求出代表每个窗口的三元样本,即均值、标准差、灰度最小值。

A. 设置聚类数为 $a$(根据所处理声呐图像的清晰度确定 $a$),任选 $a$ 个窗口的三元样本作为初始聚类中心,将其他窗口的三元样本归类到与它欧氏距离最小的聚类中心所代表的类上。

B. 通过求每个类所有窗口三元样本的均值,更新聚类中心,并重新聚类。

C. 重复步骤 B,直到聚类中心不变。

②平面 MRF 三类检测。

由初始分割后的三类标记图像,求得初始概率分布模型参数集合 $\Phi_y^{[0]}$。进行 ML 分割(使该点属于某类别的概率最大重新标记整个图像),即 $\forall s \in S$, $\hat{x}_s^{[0]} = \mathrm{argmax}_{x_s} P_{Y_s|X_s,\Phi_y}(y_s|x_s, \Phi_y^{[0]})$,得到 ML 分割结果。根据分割结果求得初始的 MRF 模型参数集合 $\Phi_x^{[0]}$。然后,用 ICM 算法优化概率分布模型参数和 MRF 模型参数,得到参数收敛后所确定的三类检测结果。

ICM 算法过程如下:

A. 在第 $n(n \geqslant 1)$ 步,对于整个图像根据后验概率 $P_{x|y}(x|y)$ 最大,也就是能量函数 $U(x|y)$ 最小重新标记图像中每个像素点,得到新的标记场 $X^{[n]}$。

B. 在第 $n+1$ 步,更新概率分布模型参数集合 $\Phi_y^{[n]}$ 为 $\Phi_y^{[n+1]}$,更新 MRF 模型参数集合 $\Phi^{[0]}$ 为 $\Phi_x^{[n+1]}$。

C. 重复步骤 A 和 B,直到 $\Phi^{[n+1]} = (\Phi_x^{[n+1]}, \Phi_y^{[n+1]})$ 与 $\Phi^{[n]} = (\Phi_x^{[n]}, \Phi_y^{[n]})$ 的变化小于设定的阈值 $T$(一般 $T$ 取 0.01),则结束。并得到概率分布模型参数集合 $\Phi_y^*$ 和 MRF 模型参数集合 $\Phi_x^*$。

③分层 MRF 三类检测。

A. 首先将平面 MRF 三类检测结果的概率分布模型参数集合 $\Phi_y^*$ 和 MRF 模型参数集合

$\Phi_x^*$ 作为整个不完全分层 MRF 检测过程的概率分布模型参数和模型参数并保持不变，即 $\Phi_y \Phi_y^x$ 和 $\Phi_x = \Phi_x^*$。

B. 通过 ML 分割初始化 $X^L$ 层，即$\hat{x}^L = \mathrm{argmax}_{x^L} P_{x_s^L|y_s}(y_s|x_s^L)$，根据后验概率 $P_{x_s^L|y_s^L}(y_s|x_s^L)$ 最大和 ICM 过程，得到 $X^L$ 层的检测结果。

C. 对于 $X^l$ 层的初始化过程为：$X^l$ 层上的每一位置点都与 $X^{l+1}$ 层上它的"父节点"类别相同。利用概率分布模型参数和模型参数，根据后验概率 $P_{x^l|x^{l+1},y_s}(x^l|\hat{x}^{l+1},y_s)$ 最大和 ICM 过程，得到第 1 层的检测结果。

D. 为了得到更精确的检测结果，通过分层 MRF 的检测结果，重新估计概率分布模型参数集合，用新估计的概率分布模型参数来代替步骤 A 中的概率分布模型参数，并且考虑"父子"节点的相互作用，求得 $X^l$ 层的模型参数集合 $\Phi_{X^l} = \{\beta_1, \beta_2, \cdots, \beta_{13}\}$ 再次经过由粗到细的 MRF 链的检测过程，最后在第 0 层得到分层 MRF 的最终检测结果。

E. 检测后的图像中含有一些孤立区，由于每个孤立区面积较目标高亮区和阴影区面积小得多，用区域标记法去除，得到最终的检测结果。

### 5.2.4　侧扫声呐图像伪彩色增强

人类所感受的主观亮度，并不是直接由物体本身亮度所决定的。尽管人眼对各种色彩的分辨能力要比黑白色的分辨率低，但是人眼对灰度微弱递变的分辨能力要远比颜色变化的分辨能力低，所以增强色彩分类是提高人眼对图像视觉分辨率的有效途径，也是图像彩色增强的出发点。

1）灰度化处理

在 RGB 模型中，R = G = B 的值叫作灰度值，灰度化就是使颜色的 RGB 分量值相等的过程。由于 R、G、B 的取值范围是 0 ~ 255，所以灰度的级别也就有 256 级，即灰度图像仅能表现 256 种颜色（灰度）。

我们采用的是 R = G = B = V，V 的范围从 0 ~ 255。这里还有一种加权平均值法处理灰度的方式，它根据重要性或者其他指标给 R、G、B 赋予不同的权值，并使 R、G、B 它们的值加权平均，即：

$$R = G = B = \frac{W_R R + W_G G + W_B B}{3} \tag{5-28}$$

权值 $W_R$、$W_G$、$W_B$ 取不同的值，加权平均值法就将得到不同的灰度图像。由于人眼对绿色的敏感度最高，对红色的敏感度次之，对蓝色的敏感度最低，因此使 $W_G > W_R > W_B$ 将得到效果较好的灰度图像。实验和理论推导证明，当 $W_R = 0.030$，$W_G = 0.059$，$W_B = 0.011$ 时，能得到效果最好的灰度图像。在实际应用时，还应该根据不同的条件调整权值已达到最佳效果。

2）伪彩色增强

伪彩色技术的处理方法是取得图像上每个点的灰度值并经过灰度—彩色图像的变换曲线，实施不同的变换，产生不同的 R、G、B 值，即伪彩色图像对应像素点的颜色值。根据色度学原理，任何一种彩色都可以由红、绿、蓝三基色按一定比例混合而成。伪彩色从一般意义上说可以描述成：

$$R(x,y) = T_R[f(x,y)]$$
$$G(x,y) = T_G[f(x,y)]$$
$$B(x,y) = T_B[f(x,y)] \tag{5-29}$$

灰度级—彩色变换是数字图像彩色增强比较常用的方法。通过函 $I_R$、$I_G$、$I_B$ 建立 R、G、B 三基色与灰度函数 $f(x,y)$ 之间的映射关系，从而得到伪彩色增强函数 $f'(x,y)$，合成伪彩色图像。图 5-37 为伪彩色的处理方法，其中的 $T_R$、$T_G$、$T_B$ 可以是线性的也可以是非线性的。

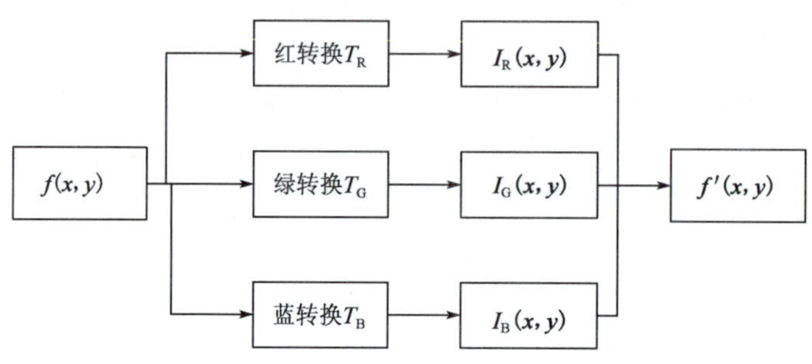


图 5-37 灰度级—彩色变换流程图

3）伪彩色编码

本文中介绍了一种典型的伪彩色编码，此外还使用了另外两种编码方式。这样做的好处是利用在同一色段下不同编码之间的颜色差别不同的特点，在声呐工作时可以及时切换不同的编码方式，相互弥补，更好地提高人眼对声呐图像细节的分辨率。

（1）典型的伪彩色编码。

这种编码是比较普遍的伪彩色编码方式，应用广泛，其传递函数变化曲线如图 5-38 所示，从左至右分别为红、绿、蓝三基色的含量变化曲线，该函数是分段线性函数，由于红、蓝色函数曲线呈对称分布，绿色函数曲线中心对称，所以颜色分布很规则，但是缺点是绿色含量相对较大，且位于色棒的中央位置，导致图像中这一段的颜色分辨率较差。

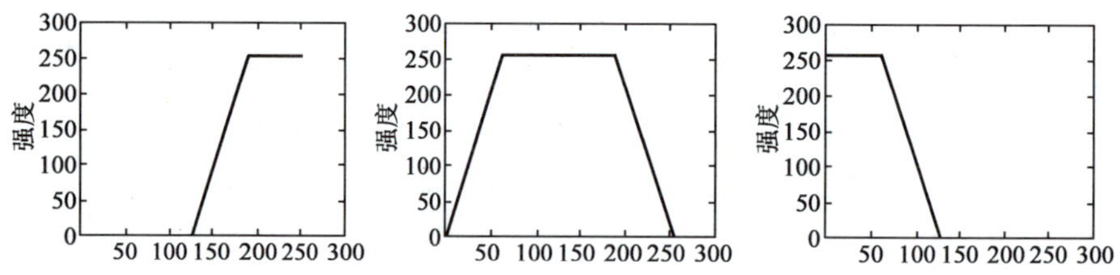


图 5-38 典型的伪彩色编码传递函数

（2）彩虹编码。

彩虹编码的传递函数为一分段线性函数，其传递函数变化曲线如图 5-39 所示，从左至右分别为红、绿、蓝三基色的含量变化曲线。从图中可以看出除了局部为常数（0 或 255），三基色传递函数斜率绝对值大于 1，而且在一定范围内三基色的含量不同时为常数，以保证合成颜色有较大的变化和梯度，从而提高了图像的分辨率。

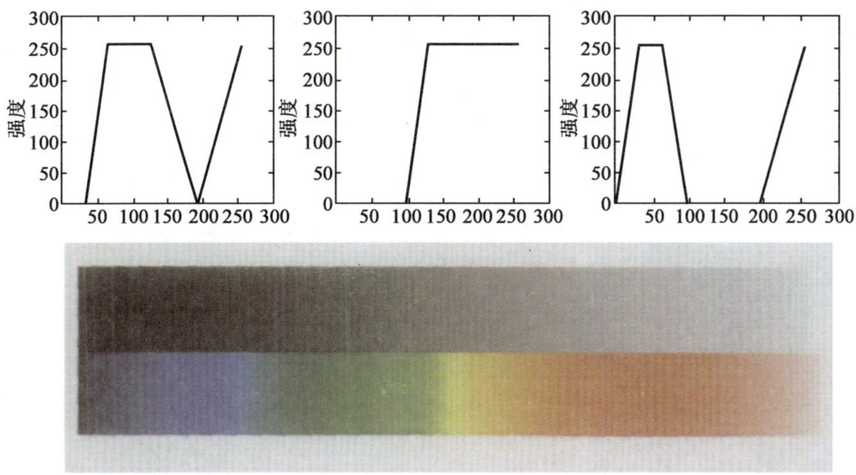


图 5-39　彩虹编码传递函数和色棒

(3)热金属编码。

热金属编码传递函数也是分段线性的,但是函数变化梯度较彩虹编码要小,如图 5-40 所示,从左至右分别为红、绿、蓝三基色的含量变化曲线。所以其图像的视觉分辨率要比彩虹编码略低一些。

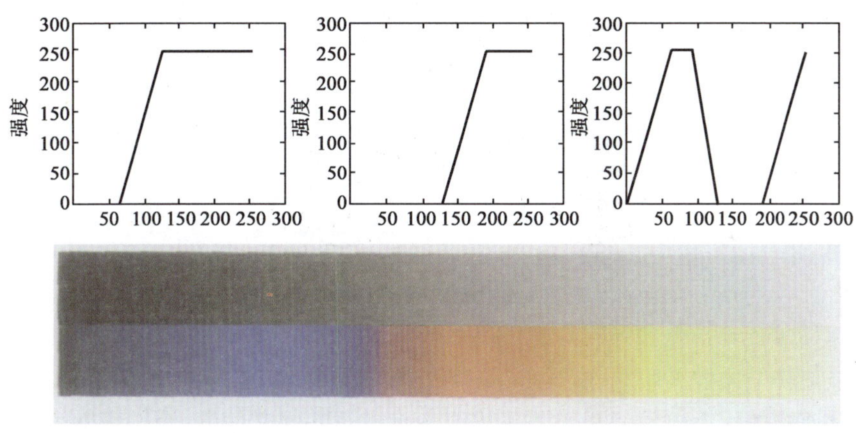


图 5-40　热金属编码传递函数和色棒

## 5.3　沉排施工远程信息管理技术

针对软体排施工过程中出现的各种状况,如何及时地将这些情况反映到施工管理人员手里,沉排施工远程信息管理技术利用网络通信技术,结合长江电子航道图实时将航行船舶信息以及施工过程中天气,水流等各种信息发送到管理人员的监控客服端,为施工管理人员提供一个实时监控,管理接口。保证施工人员实时掌控施工过程中出现的各种情况,使施工安全,高效的进行。

### 5.3.1　硬件设计

1)软体施工远程信息接收与传输平台

在软体施工远程信息控制系统中,由于船载 AIS 信息覆盖范围有限,并且施工区域离监控中心较远，船载 AIS 信息可能无法直接传输到项目部监控中心。故需在施工区域附近的码头和运输船舶停靠码头安装岸台 AIS 收发机，因而涉及多个端口的串口服务器与系统服务器之间的通信。AIS 收发机端接收到的数据通过因特网以 TCP/IP 协议方式传递到系统服务器端，服务器端接收到 AIS 报文信息后进行解析，将解析后的信息通过网络传输，实时地标绘在监控客服端。在针对施工区域报警响应的时候，系统将生成的决策调度方案信息，通过串口服务器的转换，将调度信息通过短信猫发送到指定船舶的负责人手中。软体排施工远程信息控制系统的硬件总体设计，如图 5-41 所示。

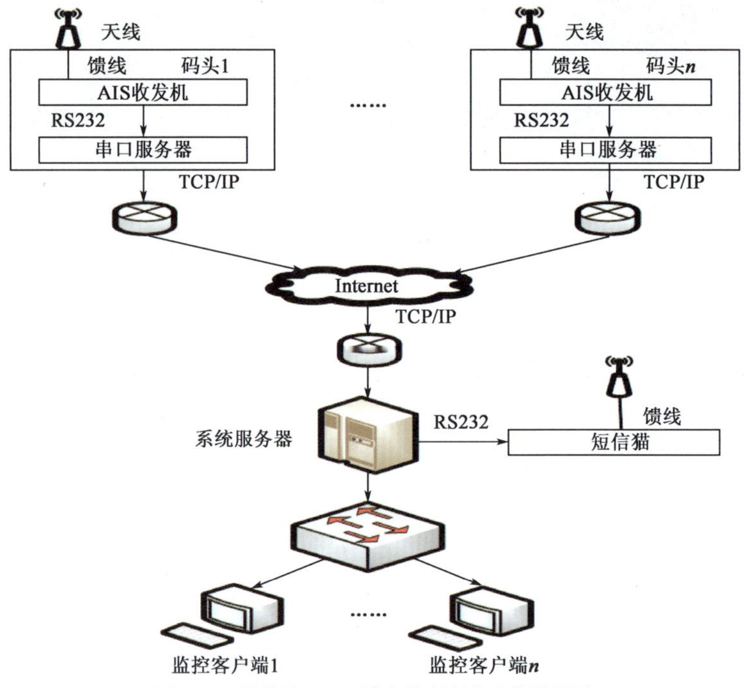


图 5-41　软体施工远程信息控制硬件总体设计图

2）软体施工远程信息监控客户端

软体施工安全监控客服端，配置 Intel 奔腾处理器，搭载 2G 运行内存，100G 硬盘。采用基于电子航道图的标绘技术，AIS 收发端实时获取的 AIS 报文信息，经过解析后，将获取的船舶航行定位信息实时标绘在电子航道图上，实现对船舶的实时跟踪。其监控客户端，如图 5-42所示。

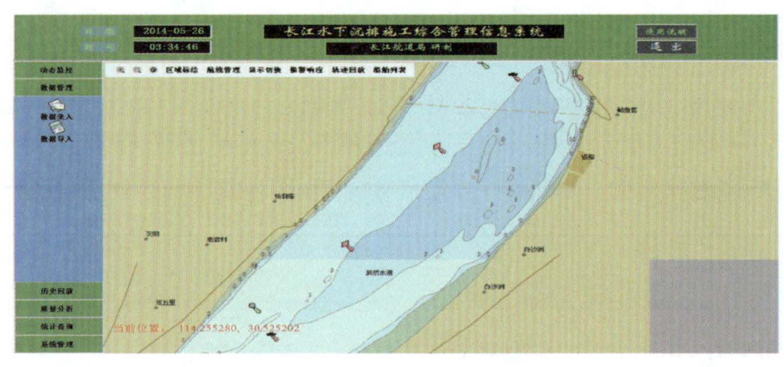


图 5-42　安全监控客户端

3)系统通信网络结构

围绕通信技术系统可分为三大功能模块:船载监测系统、船岸移动通信系统和位于控制中心的监测与分析管理系统。其中,船载监测系统主要实现施工过程的数据采集、控制数据上传过程、存储和重传未传数据。船岸移动通信系统主要提供船载数据的上传和控制中心命令的下达基础服务,而控制中心的监测与分析管理系统主要实现对数据的查看与管理功能,便于管理者进行施工质量统计分析等。系统的拓扑结构,如图 5-43 所示。

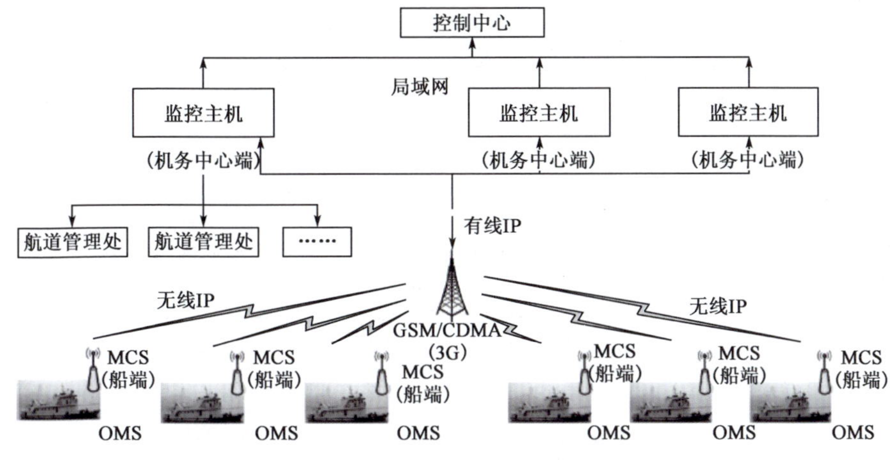


图 5-43　系统网络拓扑结构

## 5.3.2　系统软件设计

1)软件功能模块总体设计

本系统主要功能是对船舶实时航行的航速、位置信息、航段天气信息以及潮汐信息数据等进行采集,然后经无线网络进行传输和解析,再进行各种处理和操作。对长江航道局所辖范围内的沉排施工质量进行综合管理,包括施工检测过程动态监控、检测过程回放、施工质量及各种施工信息的统计查询及系统管理等功能。

(1)数据采集。通过建立的 AIS 信息网络对航行船舶的航速、位置、航段天气信息及潮汐等信息进行采集是本系统软件开发最基本流程之一,为后续数据处理、数据存储和分析提供数据源。

(2)数据处理。将接收到的数据包进行解析,获取精确的船舶航行信息和水文信息。

(3)数据存储。需要对获取的天气信息和潮汐信息进行存储,为后期的施工区域报警与通知调度决策提供支撑信息。对沉排施工过程中施工信息进行存储,为施工过程监控、回放提供数据支持。

(4)数据查询、分析。数据筛选后,需要完成报表等功能,完善数据的后期处理。

根据系统软件需求的特点与系统功能需求,结合实际应用环境,长江水下沉排施工综合管理信息系统的核心功能是:对长江航道局所辖范围内的沉排施工质量进行综合管理,具体包括施工检测过程动态监控、检测过程回放、施工质量及各种施工信息的统计查询及系统管理,沉排施工区域远程信息控制管理等功能。其具体的系统功能结构,如图 5-44 所示。

(1)沉排施工检测动态监控子系统。

以长江电子航道图为基础,实时显示检测船的动态位置、航速、航向。点击检测船,可选择查看计划铺设排体的位置、当前检测的动态扫描信息。

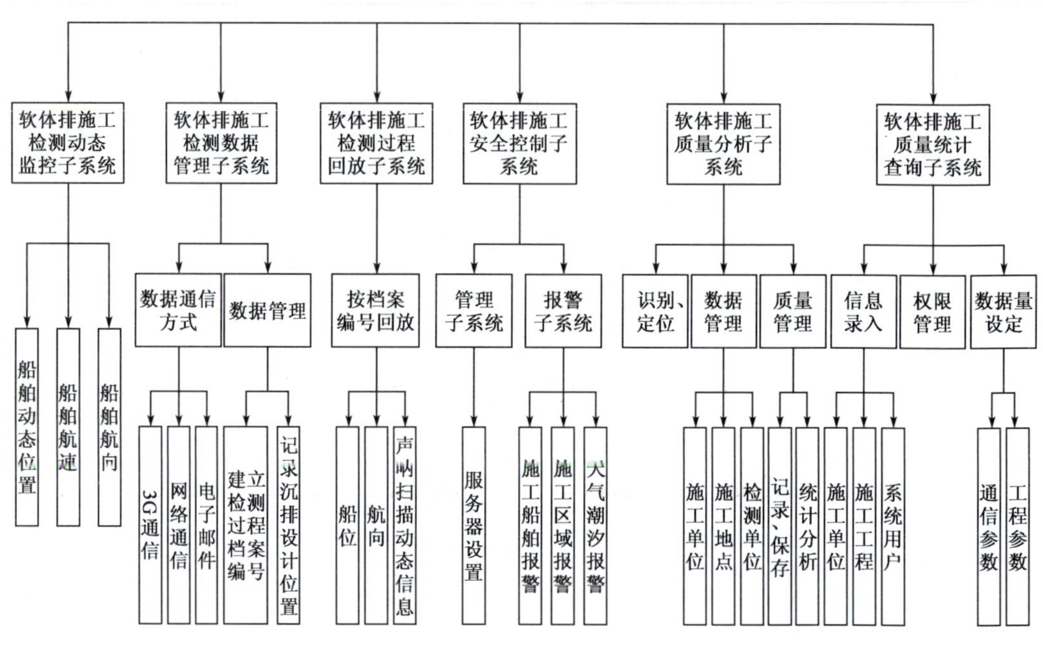


图 5-44　系统功能结构图

(2)沉排施工检测数据管理子系统。

沉排检测过程中,管理中心可动态监管检测现场。但由于通信等原因,不能保证检测数据的完整传送管理中心。检测数据可保存到现场检测计算机中,事后通过网路通信、电子邮件等方式将检测数据发送到管理中心。管理中心接收到检测信息后,导入该数据至综合管理系统。系统对每一次检测过程建立档案编号(工程编号 + 时间 + 检测序号),实现检测数据的有效管理。

(3)沉排施工检测过程回放子系统。

长江水下沉排施工综合管理信息系统对每一次检测过程建立档案编号,实现检测过程的有效管理。检测过程回放子系统实现按档案编号进行检测过程的真实再现,包括检测船的船位、航速、航向、声呐扫描的动态信息。回放速度、检测位置可调。回放前:选择条件(公司、时间、位置等),回放过程中,信息栏显示相关信息。

(4)沉排施工安全控制子系统。

系统主要功能是对船舶实时航行的航速、位置信息、航段天气信息以及潮汐信息数据等进行采集,然后经无线网络进行传输和解析,对于误入施工区域的航行船舶,进行实时的报警响应,调度巡航船只对该船只进行引导,驶出施工区域。

(5)沉排施工质量分析子系统。

沉排影响分析提供的是水下沉排铺设情况的总览,供管理人员宏观管理。施工质量重点监管的是排体间的搭接距离、排体关键点实际位置与设计位置的偏差等。沉排施工质量分析子系统提供沉排排体间的搭接、排体关键点位置偏差定量分析功能。实现施工质量的精准化管理。实现识别、定位，数据管理（施工单位、地点、检测单位、质量），质量管理（记录、保存、统计分析等）功能。

（6）沉排施工质量统计查询子系统。

长江航道水下沉排施工质量统计查询功能可实现按施工单位、工程编号、施工区域、检测时间统计沉排施工及施工质量相关信息，并在此基础上形成统计报表。

2）系统的详细设计与数据库设计

（1）数据采集系统设计。

在沉排施工安全控制管理子系统中，数据的采集是系统后面进行安全预警及报警响应的前提。数据的采集至关重要，是系统运行的基础。由于本系统数据库中只需要几种特定的 AIS 报文，为减小服务器端解析负荷，提高数据采集的效率。安装在码头的 AIS 收发机实时接收 AIS 报文后，AIS 收发机先将接收的 AIS 报文进行过滤，剔除不必要的数据信息，然后再对其进行校验，最后通过串口服务器发送给服务器端。

（2）数据通信设计。

数据的通信是沉排施工安全控制管理子系统的关键，高效、精准、稳定的数据通信是沉排施工安全控制的必备条件。航行船舶的报警响应，通知调度的决策发布都有依赖于稳定高效的数据通信。由于考虑到服务器端或者 AIS 收发机端因为一些不可预知的原因导致采集数据无法实时传递给服务器或者 AIS 收发端，造成数据的缺失，为此引入超时重启收发机端机制，在 AIS 接收机中设置定时器，通过定时中断向服务器发送心跳包，如 AIS 收发机端多次未收到服务器端的回复，则通过 AIS 收发机控制串口服务器电源，对串口服务器进行重启。保证通信数据的高效、稳定。其数据通信的流程，如图 5-45 所示。

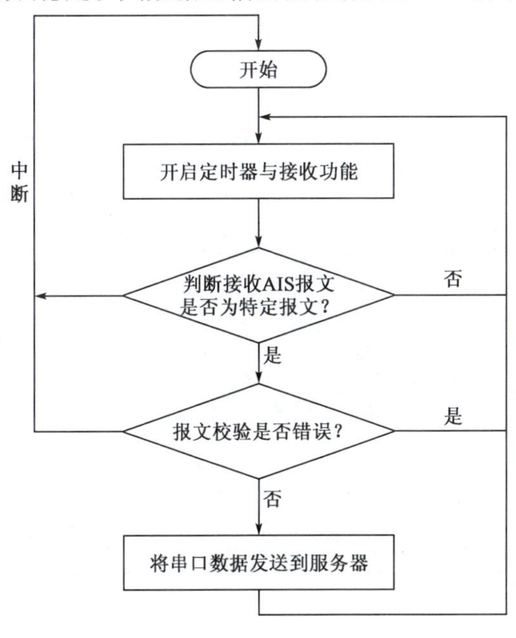


图 5-45　数据通信流程图

(3)沉排施工检测数据管理设计。

沉排检测过程中,管理中心可动态监管检测现场。但由于通信等原因,不能保证检测数据的完整传送管理中心。检测数据可保存到现场检测计算机中,然后通过网络通信、电子邮件等方式将检测数据发送到管理中心。管理中心接收到检测信息后,导入该数据至综合管理系统。系统对每一次检测过程建立档案编号(工程编号+时间+检测序号),实现检测数据的有效管理。数据管理还包括:沉排设计位置等信息的导入。实现形式:离线下通信软件编程,实现数据导入;人工录入相关数据,辅助其他形式传输采集文件。

(4)沉排施工检测过程回放设计。

长江水下沉排施工综合管理信息系统对每一次检测过程建立档案编号,实现检测过程的有效管理。检测过程回放子系统实现按档案编号进行检测过程的真实再现,包括检测船的船位、航速、航向、声呐扫描的动态信息。回放速度、检测位置可调。回放前选择条件(公司、时间、位置等),回放过程中,信息栏显示相关信息。

(5)沉排施工质量分析设计。

沉排影响分析提供的是水下沉排铺设情况的总览,供管理人员宏观管理。施工质量重点监管的是排体间的搭接距离、排体关键点实际位置与设计位置的偏差等。沉排施工质量分析子系统提供沉排排体间的搭接、排体关键点位置偏差定量分析功能。实现施工质量的精准化管理。完成识别、定位,数据管理(施工单位、地点、检测单位、质量),质量管理(记录、保存、统计分析等)等功能。

(6)数据库设计。

在设计数据库时,需兼顾效率、稳定和安全等因素,同时需遵循独立性高、冗余度小、共享性高和"E-R"原则。由于本系统中数据记录较多,对查询、分析要求较高,故本系统采用Microsoft 开发的 SQL Server 2005,SQL Server 2005 具有高性能、可靠性、可扩充性、支持 C/S 架构和远程读写等特点。它的主要优点是操作灵活、转移方便、运行环境简单。针对本系统的功能要求,按照系统功能实现的方法,设计的数据库见表 5-3 ~ 表 5-18。

①航行船舶信息表(shipinfo_t)。

存放船只的基本信息数据,初次获取船只 AIS 信息时写入该表。

**航行船舶信息表** 表 5-3

| 编号 | 字段名称 | 字段说明 | 类型 | 是否为空 | 备注 |
|---|---|---|---|---|---|
| 1 | shipname | 船名 | VARCHAR2(20) | | |
| 2 | shipnum | 呼号 | VARCHAR2(5) | | |
| 3 | mmsi | mmsi | VARCHAR2(9) | NOT NULL | |
| 4 | shiplong | 船长 | float | | |
| 5 | shipwide | 船宽 | float | | |
| 6 | draught | 吃水 | float | | |
| 7 | shiptype | 船舶类型 | VARCHAR2(8) | | |
| 8 | updateTime | 更新时间 | date | | |

②船只动态 AIS 信息表(ShipDynamicInfo_t)。

存放船只的动态信息数据,第一次获取船只 AIS 信息后写入该表,后为更新。

船只动态 AIS 信息表　　表 5-4

| 编　号 | 字段名称 | 字段说明 | 类　型 | 是否为空 | 备　注 |
|---|---|---|---|---|---|
| 1 | mmsi | mmsi | CHAR(9) | NOT NULL | |
| 2 | style | 航行状态 | CHAR(2) | | |
| 3 | device | 定位设备 | CHAR(8) | | |
| 4 | accuracy | 定位精度 | float | | |
| 5 | longitude | 纬度 | float | | |
| 6 | latitude | 经度 | float | | |
| 7 | Bowto | 船首向 | float | | |
| 8 | Track | 航迹向 | float | | |
| 9 | speed | 航速 | float | | |
| 10 | Steering_ratio | 转向率 | float | | |

③船只历史 AIS 信息表(ShipSampleInfo_t)。

存放船只的历史信息数据,每次获取 AIS 信息后写入该表。该表结构与动态信息表结构一致。

船只历史 AIS 信息表　　表 5-5

| 编　号 | 字段名称 | 字段说明 | 类　型 | 是否为空 | 备　注 |
|---|---|---|---|---|---|
| 1 | mmsi | mmsi | CHAR(9) | NOT NULL | |
| 2 | style | 航行状态 | CHAR(2) | | |
| 3 | device | 定位设备 | CHAR(8) | | |
| 4 | accuracy | 定位精度 | float | | |
| 5 | longitude | 纬度 | float | | |
| 6 | latitude | 经度 | float | | |
| 7 | Bowto | 船首向 | float | | |
| 8 | Track | 航迹向 | float | | |
| 9 | speed | 航速 | float | | |
| 10 | Steering_ratio | 转向率 | float | | |
| 11 | updateTime | 更新时间 | date | | |

④采集记录表(sonar_CollectionInfo_t)。

存放采集记录,每个流水对应一个采集数据记录。

采 集 记 录 表　　表 5-6

| 编　号 | 字段名称 | 字段说明 | 类　型 | 是否为空 | 备　注 |
|---|---|---|---|---|---|
| 1 | flowID | 记录流水 ID | int | NOT NULL | |
| 2 | positionID | 位置 ID | long | | |

续上表

| 编　号 | 字段名称 | 字段说明 | 类　型 | 是否为空 | 备　注 |
|---|---|---|---|---|---|
| 3 | collectTime | 采集时间 | date | | |
| 4 | shipMMIS | 采集船只 mmsi | CHAR(9) | | |
| 5 | workerID | 工作人员编号 | long | | |
| 6 | fileDir | 关联文件 | CHAR(20) | | |
| 7 | remark | 备注 | CHAR(50) | | |
| 8 | parameter | 参数 | long | | |

⑤参数表(sonar_parameter_t)。

存放采集信息的相关参数信息。

**参　数　表**　　表 5-7

| 编　号 | 字段名称 | 字段说明 | 类　型 | 是否为空 | 备　注 |
|---|---|---|---|---|---|
| 1 | ID | 参数 ID | int | NOT NULL | |
| 2 | count | 每行点数 | long | | |
| 3 | width | 宽度 | date | | |

⑥软体排信息记录表(sonar_MattressInfo_t)。

存放软体排的采集记录信息,每次采集的每张软体排对应一个数据记录。

**软体排信息记录表**　　表 5-8

| 编　号 | 字段名称 | 字段说明 | 类　型 | 是否为空 | 备　注 |
|---|---|---|---|---|---|
| 1 | mattressID | 软体排 ID | int | NOT NULL | |
| 2 | positionID | 位置 ID | long | | |
| 3 | collectTime | 采集时间 | date | | |
| 4 | workdate | 施工时间 | CHAR(9) | | |
| 5 | workcompany | 施工单位 | | | |
| 6 | fileDir | 关联文件 | CHAR(20) | | |
| 7 | shipMMIS | 检测船只 | long | | |
| 8 | workerID | 检测单位编号 | long | | |
| 9 | autoAssessLevel | 自动质量评估 | long | | |
| 10 | manualAssessLevel | 人工质量评估 | long | | |
| 11 | Assessors | 人工评估专家 | long | | |
| 12 | remark | 备注 | CHAR(50) | | |

⑦评估信息表(sonar_Assessment_t)。

存放软体排的评估信息。

评估信息表　　表 5-9

| 编　号 | 字段名称 | 字段说明 | 类　型 | 是否为空 | 备　注 |
| --- | --- | --- | --- | --- | --- |
| 1 | assessmentID | 评估 ID | int | NOT NULL | |
| 2 | Level | 评估等级 | int | | |
| 3 | Describe | 描叙 | Char(20) | | |

⑧项目信息表(sonar_constructDepartment_t)。

存放施工单位信息。

项目信息表　　表 5-10

| 编　号 | 字段名称 | 字段说明 | 类　型 | 是否为空 | 备　注 |
| --- | --- | --- | --- | --- | --- |
| 1 | DepartmentID | 单位 ID | int | NOT NULL | |
| 2 | DepartmentName | 单位名 | long | | |
| 3 | address | 地址 | date | | |
| 4 | ContactPerson | 联系人 | | | |
| 5 | phone | 联系电话 | | | |

⑨检测单位信息表(sonar_CollectionDepartment_t)。

存放施工单位信息。

检测单位信息表　　表 5-11

| 编　号 | 字段名称 | 字段说明 | 类　型 | 是否为空 | 备　注 |
| --- | --- | --- | --- | --- | --- |
| 1 | DepartmentID | 单位 ID | int | NOT NULL | |
| 2 | DepartmentName | 单位名 | long | | |
| 3 | address | 地址 | date | | |
| 4 | ContactPerson | 联系人 | Char(20) | | |
| 5 | phone | 联系电话 | Char(20) | | |

⑩工程信息表(sonar_Project_t)。

存放施工的工程信息。

工程信息表　　表 5-12

| 编　号 | 字段名称 | 字段说明 | 类　型 | 是否为空 | 备　注 |
| --- | --- | --- | --- | --- | --- |
| 1 | projectID | 工程编号 | int | NOT NULL | |
| 2 | area | 所属区域 | int | | |
| 3 | startDate | 开工时间 | date | | |
| 4 | completeDate | 计划完成时间 | date | | |
| 5 | constructor | 施工单位 | Int | | |
| 6 | collector | 采集单位 | Int | | |
| 7 | Manager | 负责人 | int | | |
| 8 | Describe | 描叙 | Char(20) | | |

⑪施工区域信息表(sys_AreaInfo_t)。

存放施工区域信息。

**施工区域信息表**

表5-13

| 编 号 | 字段名称 | 字段说明 | 类 型 | 是否为空 | 备 注 |
|---|---|---|---|---|---|
| 1 | ID | ID | int | NOT NULL | |
| 2 | areaNum | 区域编号 | | | |
| 3 | areaName | 区域名 | int | | |
| 4 | Position | 位置 | | | |
| 5 | Type | 类型 | | | |
| 6 | UnitID | 所属单位 | | | |
| 7 | Manager | 负责人 | | | |
| 8 | Describe | 描叙 | Char(20) | | |

⑫角色信息表(sys_RoleInfo_t)。

存放角色信息。

**角色信息表**

表5-14

| 编 号 | 字段名称 | 字段说明 | 类 型 | 是否为空 | 备 注 |
|---|---|---|---|---|---|
| 1 | RoleID | 角色 ID | long | NOT NULL | |
| 2 | RoleName | 角色名称 | char | | |
| 3 | RoleNote | 备注 | char | | |

⑬用户信息表(sys_UserInfo_t)。

存放用户具体信息。

**用户信息表**

表5-15

| 编 号 | 字段名称 | 字段说明 | 类 型 | 是否为空 | 备 注 |
|---|---|---|---|---|---|
| 1 | RoleID | ID | long | NOT NULL | |
| 2 | UserName | 用户名 | char(20) | | |
| 3 | Email | 邮箱 | Char(20) | | |
| 4 | QQ | QQ | Char(20) | | |
| 5 | Phone | 办公电话 | Char(20) | | |
| 6 | Cell | 手机号 | char(20) | | |
| 7 | PassWord | 密码 | char(20) | | |

⑭通信参数表(sys_communicationParameter_t)。

存放通信参数信息。

**通信参数表**

表5-16

| 编 号 | 字段名称 | 字段说明 | 类 型 | 是否为空 | 备 注 |
|---|---|---|---|---|---|
| 1 | ID | ID | long | NOT NULL | |
| 2 | ip | ip | long | | |
| 3 | port | 端口 | long | | |
| 4 | Description | 描述 | Varchar | | |

⑮测量船只表(DetectionShip_t)。

存放测量船只具体信息。

**测 量 船 只 表** 表 5-17

| 编 号 | 字段名称 | 字段说明 | 类 型 | 是否为空 | 备 注 |
|---|---|---|---|---|---|
| 1 | MMSI | 船只 mmsi | Char(9) | NOT NULL | |
| 2 | UnitID | 所属单位 | int | | |
| 3 | Status | 状态 | int | | |
| 4 | Remark | 备注 | Char(50) | | |

⑯海事单位表(sys_Unit_t)。

存放海事监管单位具体信息。

**海 事 单 位 表** 表 5-18

| 编 号 | 字段名称 | 字段说明 | 类 型 | 是否为空 | 备 注 |
|---|---|---|---|---|---|
| 1 | UnitID | 单位 ID | int | NOT NULL | |
| 2 | UnitName | 单位名 | Char(20) | | |
| 3 | Linkman | 联系人 | Char(10) | | |
| 4 | PhoneNum | 联系电话 | Char(20) | | |

### 5.3.3 系统实现

本系统采用 VC++6.0 编译环境,C ++ 语言既保留了 C 语言的有效性、灵活性、便于移植等全部精华和特点,又添加了面向对象编程的支持,具有强大的编程功能,可方便地构造出模拟现实问题的实体和操作;编写出的程序具有结构清晰、易于扩充等优良特性,适合于各种应用软件、系统软件的程序设计。并且其技术相对比较成熟,界面十分友好,串口通信和数据处理能力较强,满足本系统的开发需求。

1)系统运行环境

在计算机上安装 Windows XP 系统或者 Windows 7 系统和 Sqlserver 2005 数据库。

2)硬件配置

本系统需要使用 Intel 酷睿 i3 及以上类似 CPU 处理器;内存 2G 以上;推荐使用独立显卡;要求 100G 以上的硬盘。

3)系统使用

在 Microsoft Visual C++6.0 打开. dsw 工程文件,运行进入系统主界面如图 5-46 所示。

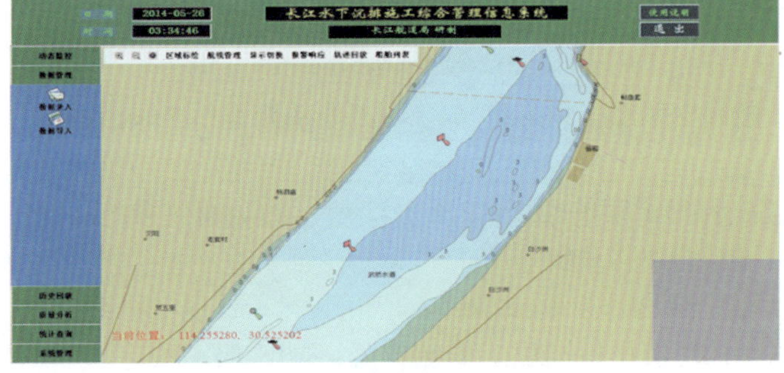


图 5-46 系统主界面

在系统主界面可以看到系统上端为状态栏,状态栏显示系统的运行时间和日期,在状态栏右上角分别有“使用说明”按钮和“退出”按钮。单击“使用说明”按钮可以看到系统使用说明书,单击“退出”按钮则可以顺利退出系统。

系统主界面的左边是功能栏,功能栏分别由动态监控、数据管理、历史回放、质量分析、统计查询和系统管理模块构成,下面将详细介绍不同模块的功能和操作说明。

(1)动态监控。

单击“动态监控”按钮进入动态监控主界面。动态监控主要包括如下功能:全局监控、沉排施工监控、区域切换。功能如图5-47、图5-48所示。

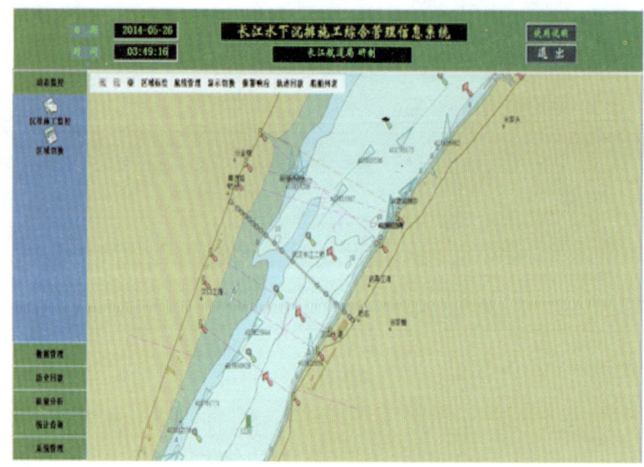


图5-47 动态监控主画面

图5-48 动态监控功能栏

单击“沉排施工监控”功能,显示沉排检测施工船舶位置及其周边船舶位置、航速、航向信息,如图5-49所示。

图5-49 沉排施工监控

鼠标右键单击画面中船舶三角形符号,弹出“船舶跟踪”、“取消跟踪”、“查看信息”,如图5-50所示。

选择“船舶跟踪”弹出子菜单,出现如图5-51所示的画面效果。画面中较深颜色船舶为所跟踪船舶,同时,显示船舶移动轨迹。

图选择“查看信息”弹出子菜单,如图5-52所示,显示该船舶详细信息。

鼠标右键单击画面中沉排检测施工船舶符号,弹出“船舶跟踪”、“取消跟踪”、“查看信息”、“沉排信息”,如图5-53a)、b)所示。

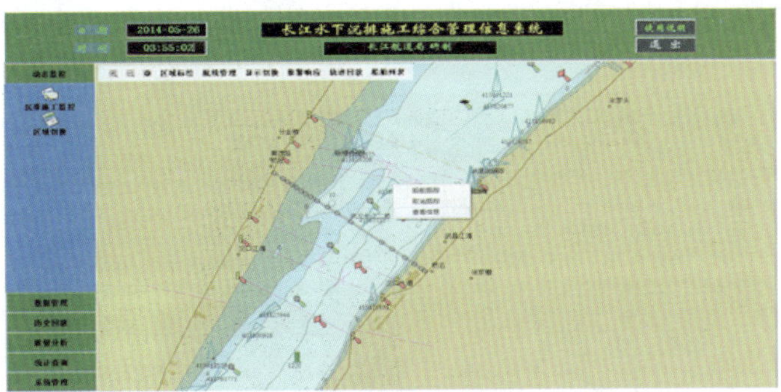


图 5-50　鼠标右键单击画面中船舶后弹出菜单

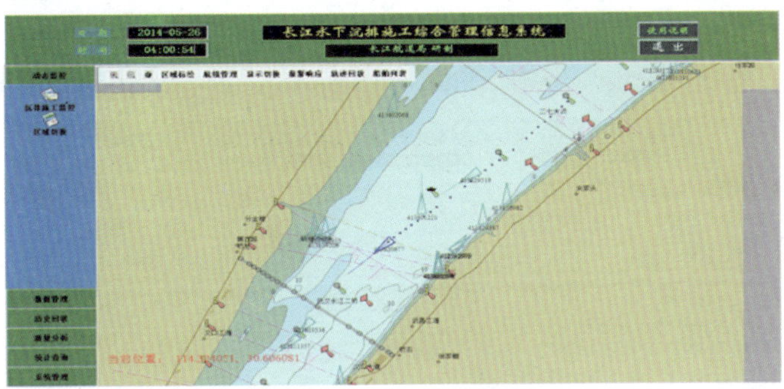


图 5-51　船舶跟踪

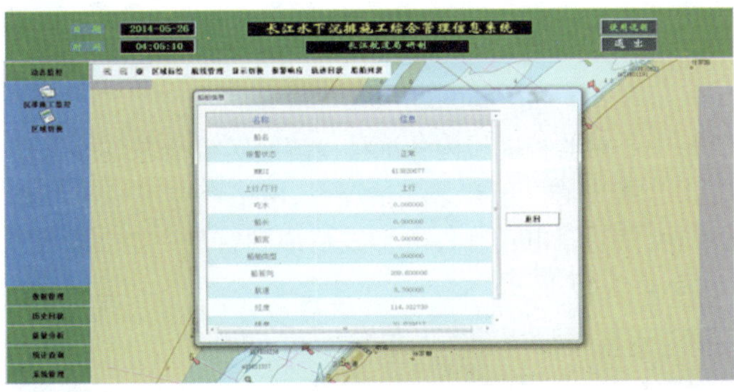


图 5-52　显示船舶信息

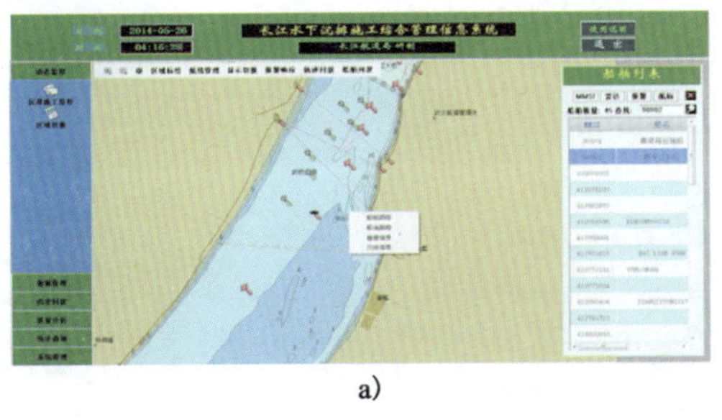


a)

船舶跟踪
取消跟踪
查看信息
沉排信息

b)

图　5-53

单击“沉排信息”按钮，如图5-54所示。系统开始实时扫描检测工作，返回数据将自动成像并实时显示。

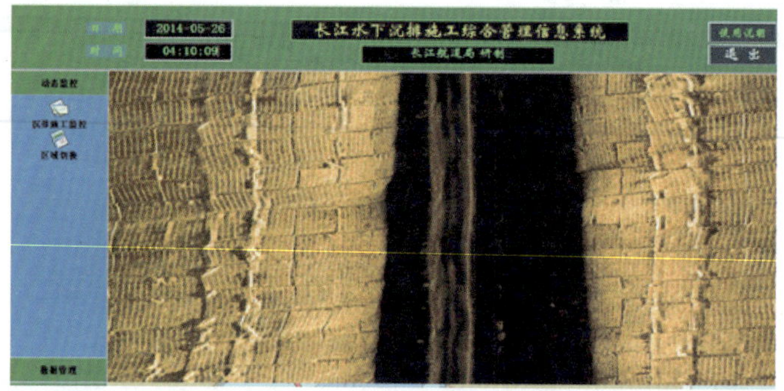


图5-54　沉排动态检测画面

在工具栏上单击“区域切换”按钮，如图5-55所示，系统自动快速切换到区域。

图5-55　动态监控区域切换画面

(2)数据管理。

正常情况下，管理中心对监控区域内各沉排检测船实行动态监控管理，沉排检测数据也是通过3G实时传输到监控中心。但在某些情况下，网络存在不畅通可能。此时，可将采集数据保存在检测船本地，然后以电子邮件等形式传回到管理中心。数据管理功能提供该类数据的导入，如图5-56、图5-57所示。

图5-56　数据管理主画面

图5-57　数据管理功能栏

单击“数据导入”功能,显示弹出对话框,供用户选择沉排检测数据路径及对应数据,如图 5-58 所示。

图 5-58　数据管理——数据导入

(3)历史回放。

单击“历史回放”按钮进入历史回放主界面,如图 5-59、图 5-60 所示。

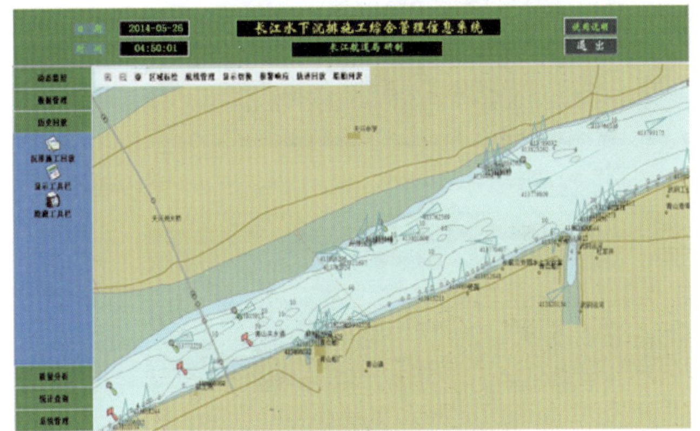


图 5-59　历史回放主界面

图 5-60　历史回放功能栏

选择“沉排施工回放”按钮,弹出“打开”窗口,在“打开”窗口中找到需要回放的文件路径,选择需要回放的. sdf 文件,如图 5-61 和图 5-62 所示。

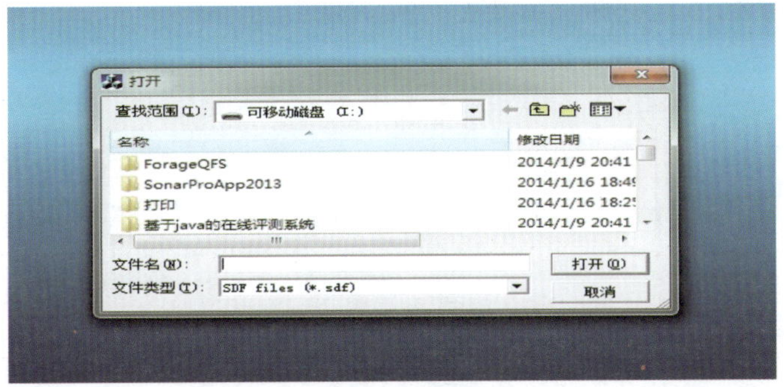


图 5-61　查找文件路径

选中需要回放的文件后,界面中会加载回放图像,如果不对图像进行任何操作,系统会回放完整个回放文件内容。回放图像如图 5-63 和图 5-64 所示。

图 5-62　选择回放文件

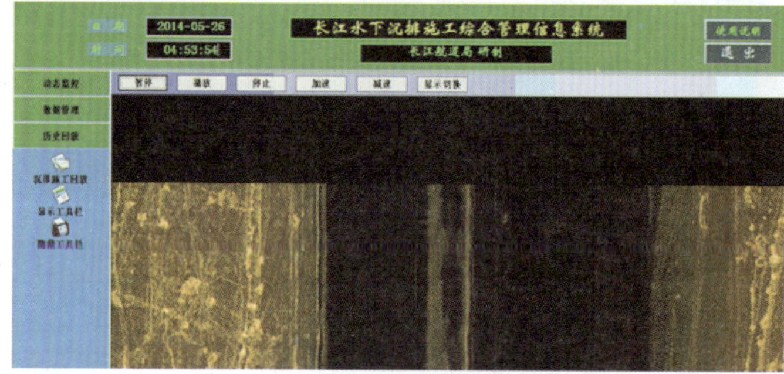


图 5-63　加载回放图像中

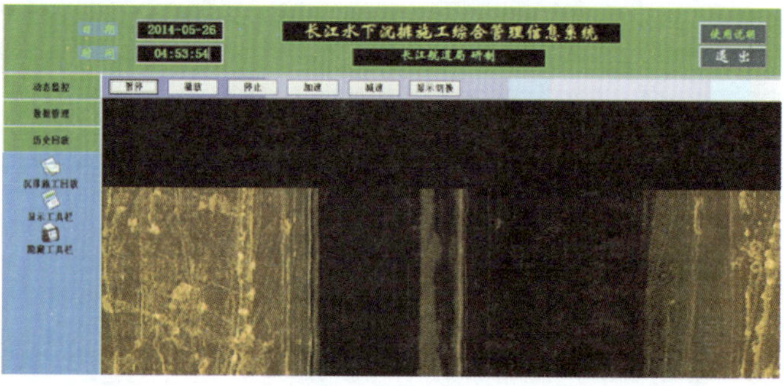


图 5-64　加载回放图像完成

如果要选择其他回放文件，操作与之前步骤类似，如图 5-65 和图 5-66 所示。

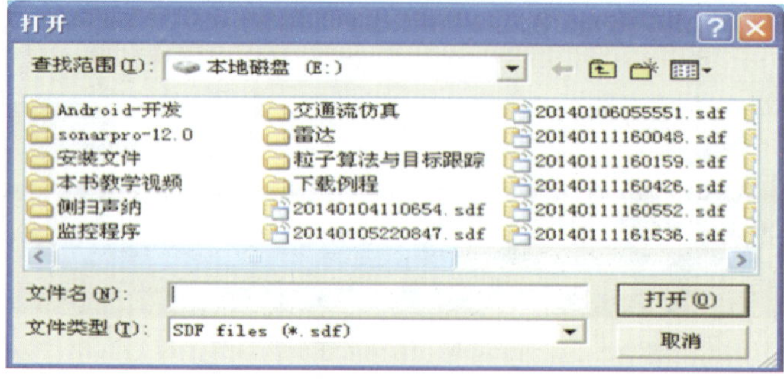


图 5-65　选择另一个回放文件

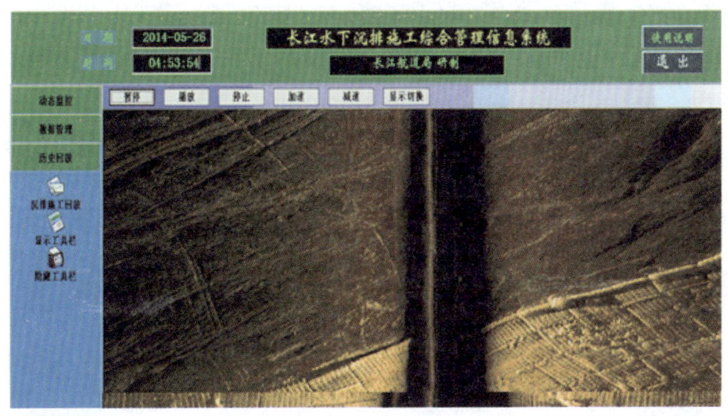


图 5-66　回放文件结果

单击“显示工具栏”会出现工具栏，如图 5-67 所示，在工具栏可以提供如下功能：暂停、播放、停止、加速、减速和显示切换。用户可以根据需要控制文件回放速度。

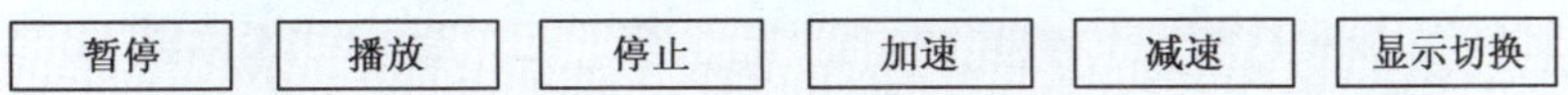


图 5-67　回放文件工具栏

如果需要隐藏工具栏，可以单击“隐藏工具栏”按钮，效果如图 5-68 所示。

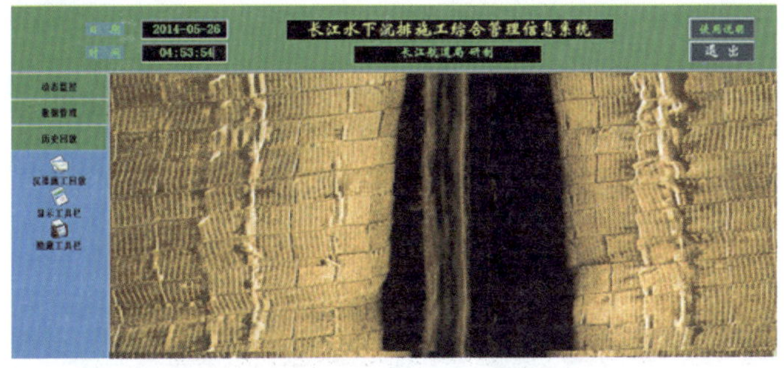


图 5-68　隐藏回放文件工具栏

(4)质量分析。

单击“质量分析”按钮进入质量分析主界面，如图 5-69、图 5-70 所示。

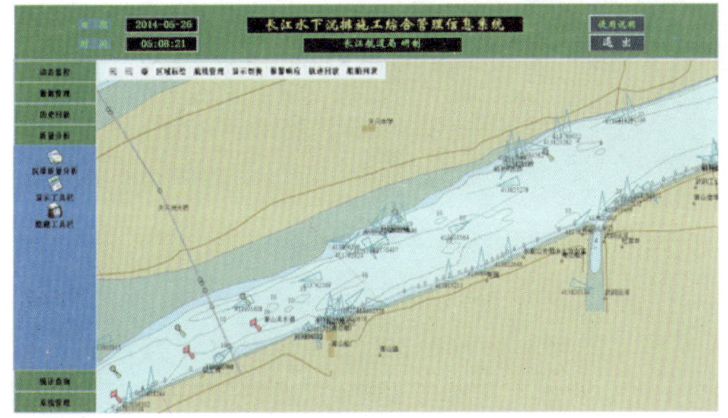


图 5-69　质量分析主界面

图 5-70　质量分析功能栏

单击“沉排质量分析”按钮，弹出“打开”窗口，在“打开”窗口中找到需要的数据文件，选择该.sdf 文件，加载到界面中。如图 5-71 和图 5-72 所示。

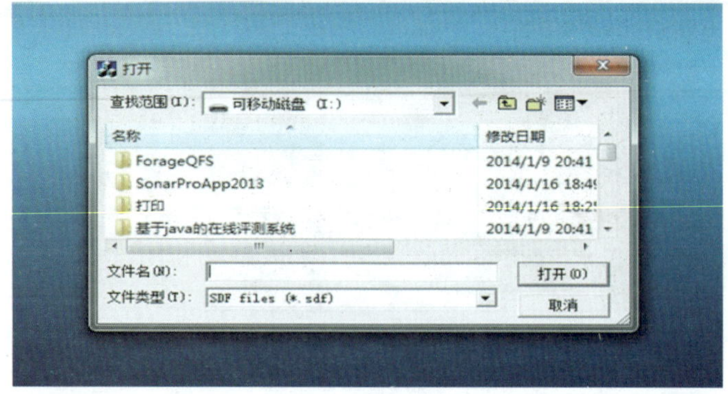


图 5-71　查找数据文件

图 5-72　选择数据文件

选中数据文件后，系统就将地形图加载到界面中，用户可以通过工具栏的工具，根据需要对沉排检测进行分析操作。沉排扫描图加载完成，如图 5-73 所示。

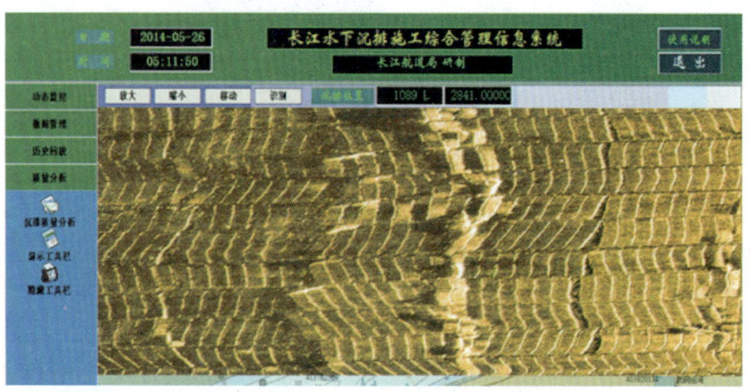


图 5-73　加载沉排检测图完成

单击“显示工具栏”出现工具栏，工具栏中提供如下功能：移动图像、放大图像、缩小图像。当用户选定图中任意点，工具栏上的坐标会改变，如图 5-74 所示。按住鼠标可以向左向右拖动图片，效果如图 5-75 和图 5-76 所示。选择工具栏的“放大”按钮，可以放大图像，如图 5-77 所示；选择工具栏的“缩小”按钮，可以缩小图像，如图 5-78 所示。

单击“放大”、“缩小”按钮，则可以放大、缩小图像。

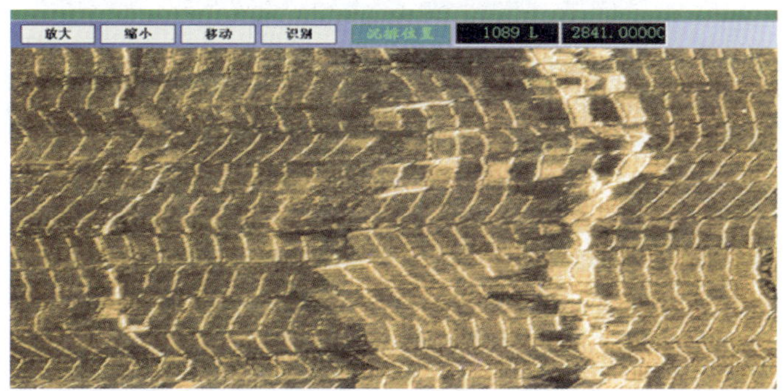


图 5-74　选中图像任意一点

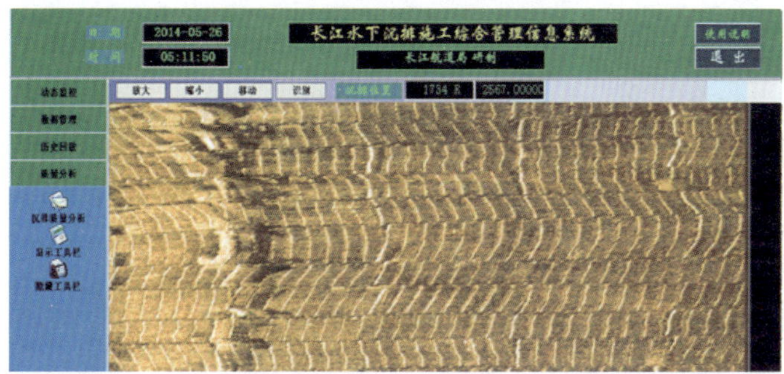


图 5-75　向左移动图像

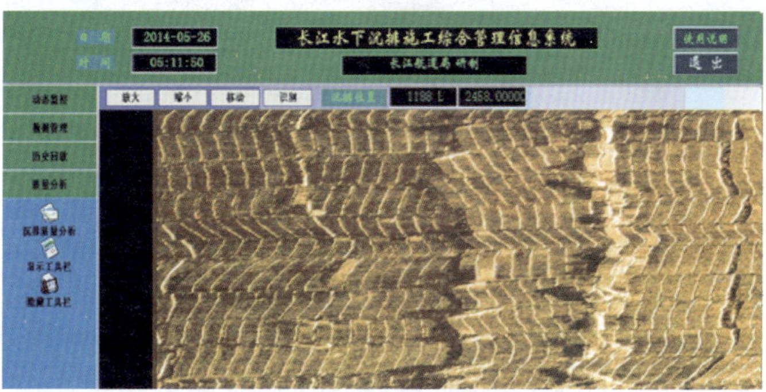


图 5-76　向右移动图像

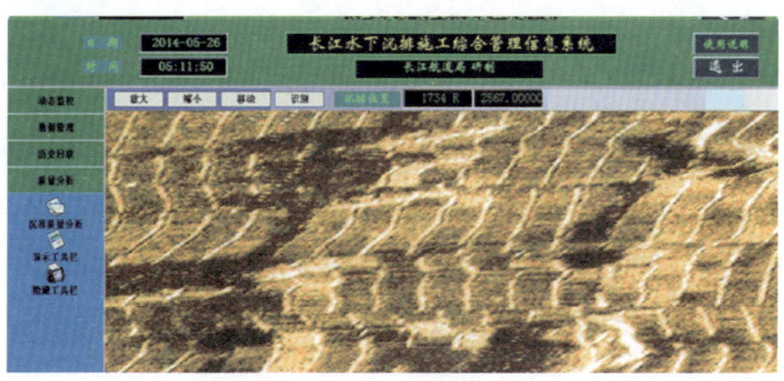


图 5-77　放大图像

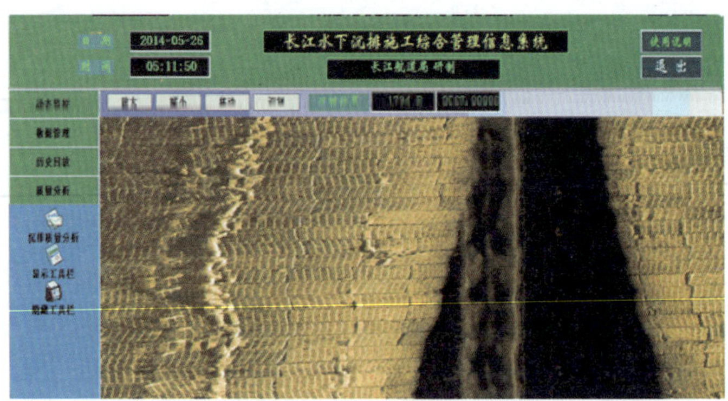


图 5-78　缩小图像

单击工具栏中"识别"功能,系统自动识别边界宽度和选择图像区域宽度,如图 5-79 所示。

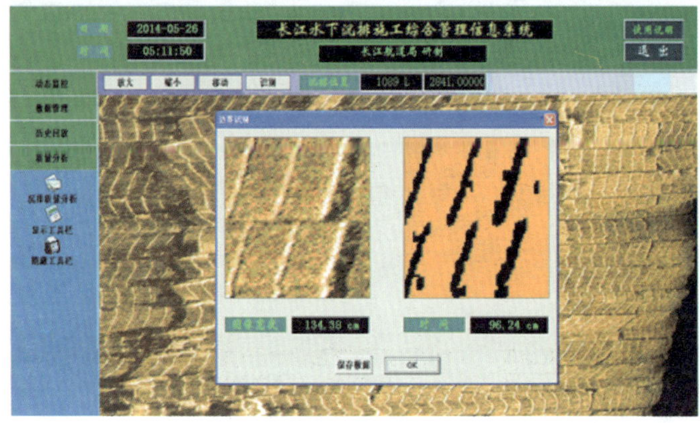


图 5-79　搭界图像识别

(5)统计查询。

单击"统计查询"按钮进入统计查询主界面,如图 5-80、图 5-81 所示。

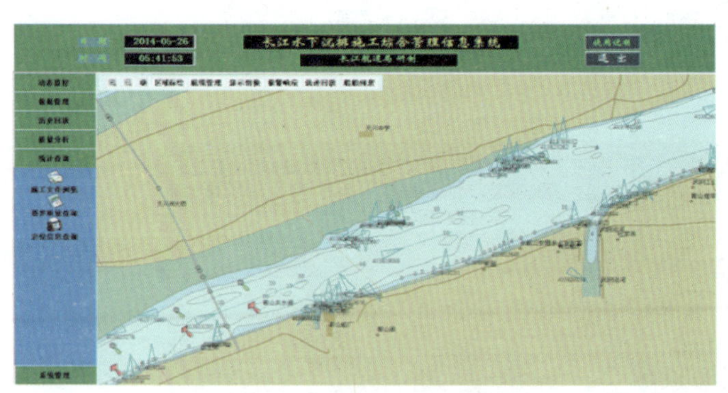


图 5-80　统计查询主界面

图 5-81　统计查询功能界面

选择"搭界质量查询"按钮,出现如图 5-82 的沉排搭界质量查询界面。该界面要求输入起始截止时间段、施工作业部门、沉排所在航段等查询条件,系统将按用户输入条件自动过滤相关数据显示到画面。用户可以选择点击“打印”,系统将查询结果输出到打印机。

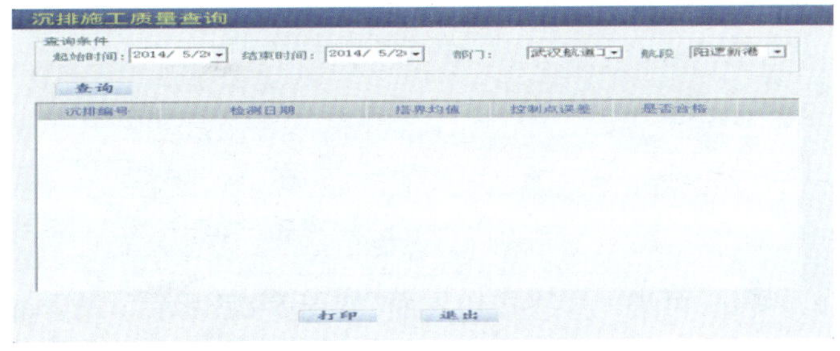


图 5-82　沉排施工质量查询界面

(6)系统管理。

单击“系统管理”按钮进入系统管理主界面,如图 5-83、图 5-84 所示。

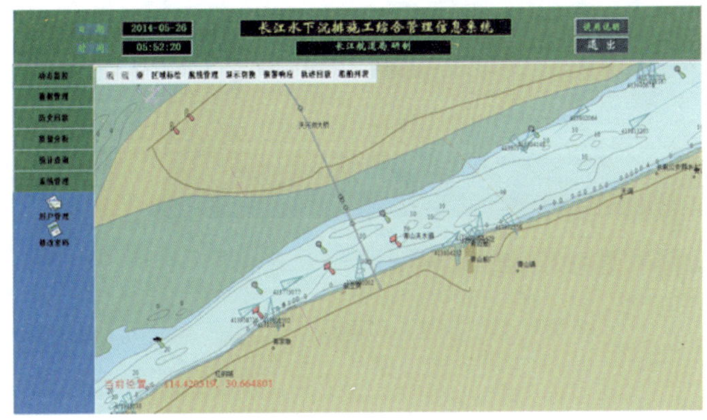

图 5-83　系统管理主界面　　　图 5-84　系统管理功能界面

选择“用户管理”按钮,出现如图 5-85 的系统用户管理界面。该界面显示所有用户的信息,管理员可以在该界面中对用户信息进行添加、修改、删除和保存操作。该界面方便管理员对用户进行统一管理。

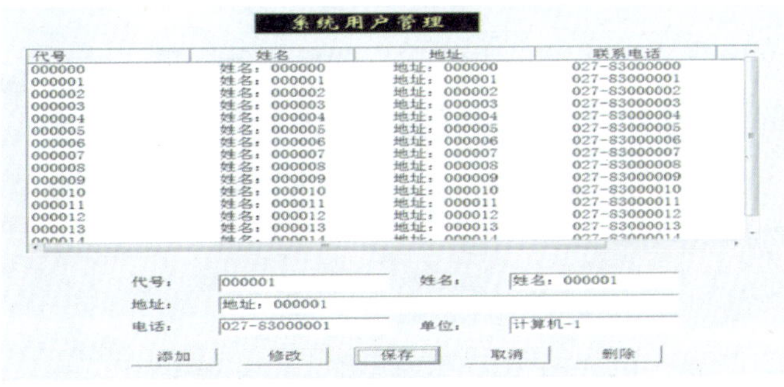


图 5-85　系统用户管理界面

如果需要添加用户,可在系统用户管理界面下方填写相关的用户信息,最后选择“添加”按钮,就完成新用户添加,操作如图 5-86 所示。如果要修改用户信息,修改完成后要选择“保存”按钮进行信息保存,若要删除用户信息,选中某条用户信息,单击“删除”按钮即可。

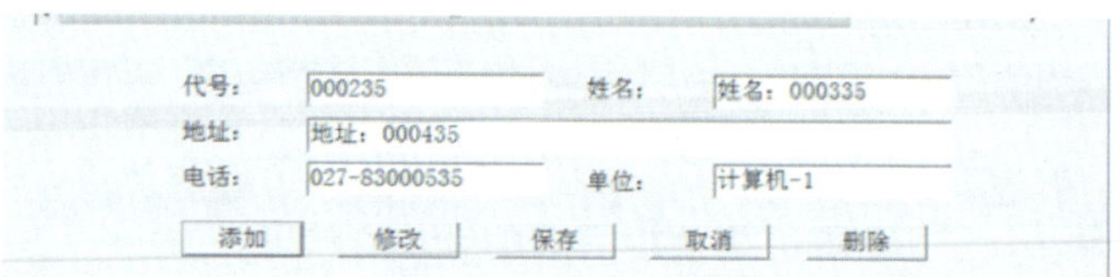


图 5-86　添加用户

选择“修改密码”按钮，可进入修改按钮界面，如图 5-87 所示。只需重新输入新密码并确认新密码，保存后即完成密码修改。

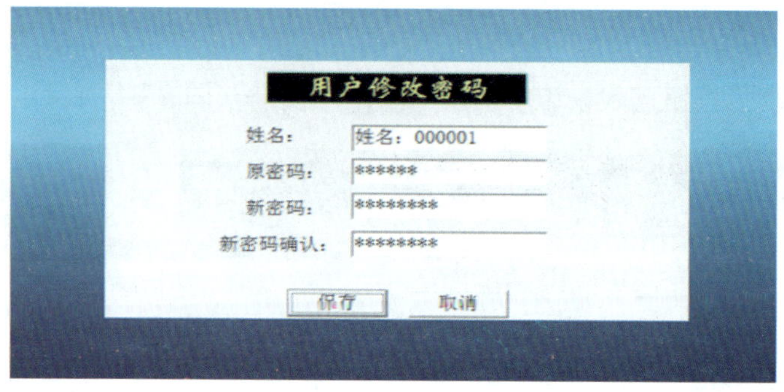


图 5-87　修改用户密码

# 第6章　软体排设计与施工技术应用实例

## 6.1　软体排设计技术应用实例

(1)本书提出的同时满足水沙运动与建筑物相似性模拟的软体排概化模型实验技术已经被“长江中游心滩守护工程关键技术研究”、“潮汐河段护底软体排稳定性及余排宽度计算研究”等项目采用,取得了较好的效果。

(2)本书提出的软体排设计参数确定方法已在长江中游荆江河段、南京以下“三沙”河段及汉江等所有近年来已实施、正在实施和拟实施的长江中下游及部分其他内河的航道整治工程软体排设计与施工中得到应用,并取得了明显成效。

(3)软体排设计工程介绍。

①长江中游沙市河段三八滩航道整治工程。

沙市河段属人工护岸控制的顺直、微弯分汊河道,上段顺直,被心滩分隔为南北两槽,下段为三八滩分汊段。本河段河道演变剧烈,以河道内洲滩消长,汊道兴衰为主要变化特征,为长江中游重点浅区河段。横跨三八滩的荆州长江公路大桥设计主通航桥孔位于北汊,副通航桥孔位于南汊,其他为非设计通航桥孔。1998年特大洪水以来,三八滩冲失复又淤出,北汊由枯水期主汊变为支汊,桥区通航条件恶化,通航与桥梁安全矛盾极其突出。三峡工程蓄水运用以来,三八滩北汊的航道条件更进一步恶化,枯水期航道可能被迫改走南汊内设计非通航孔。因此,对关键部位进行控制守护极为紧迫。

工程方案主要包括两个部分,分别为:三八滩守护工程和北汊进口疏浚工程。工程采用的建筑物结构主要有:系混凝土块复合布排垫软体排,全抛石坝体。主要工程量为:系混凝土块软体排(护底)30.5万$m^2$,X形排(护滩)3.51万$m^2$,块石32.5万$m^3$,抛枕2.08万$m^3$,疏浚60万$m^3$。工程投资为1.03亿元。

②长江中游窑监河段航道整治一期工程。

窑监河段位于长江中游的下荆江河段,属弯曲分汊河型,左岸为湖北省监利县,右岸为湖南省华容县,是长江中游重点碍航河段之一。窑监河段汊道不稳定,曾发生过多次主支汊转换。由于乌龟洲洲头及右缘逐年崩退,分汊口门过于放宽,枯季乌龟夹进口段河道宽浅、自然水深严重不足,槽口众多且疏浚后回淤严重,航道条件逐渐恶化。随着三峡蓄水运用,该河段还将继续向不利方向发展,航道条件还可能进一步恶化,因此有必要对窑监河段实施航道整治工程。

工程方案包括:乌龟洲洲头心滩鱼骨坝、乌龟洲洲头、右缘上段进行护岸(护岸长2934m,护岸坡顶高程与所护乌龟洲洲缘高程相同)、适当清除乌龟夹出口太和岭附近江中的碍航乱石堆。主要工程量:SX形系混凝土块排5.94万$m^2$,X形系混凝土块排24.05万$m^2$,D形系混凝土块排55.56万$m^2$,抛(砌)石30.16万$m^3$,抛设透水框架48.29万件,清障2.2万$m^3$。工程投资为1.26亿元。

③长江下游东流水道航道整治二期工程。

东流水道位于长江下游九江—安庆之间，属顺直分汊河型，由于河道内洲滩复杂多变，航道条件难以稳定，历来就是长江下游重点浅险水道之一。航道整治一期工程实施后，东流水道形成较稳定和完整的上、下滩群，基本稳定了西港过渡段的平面位置，但是近年来，东港分流比明显增加，老虎滩左侧航槽淤浅，同时老虎滩尾部淤积下延使得西港航宽有所减小。目前，东流水道航道富余水深不多，且存在继续降低的趋势。同时，七里湖岸线崩退，导致上、下深槽交错，不仅使交错段航道水深减小，而且航道线路也将变得更加弯曲，将逐渐影响该段的航道条件。因此有必要实施航道整治工程，以解决航道问题。

工程方案包括：老虎滩头部鱼骨坝工程、天玉串沟守护工程、老虎滩左缘护滩带加固工程、七里湖护岸工程、老虎岗护岸加固工程。主要工程量：护岸无纺布114036$m^2$、陆上铺石16250$m^3$、抛石825767$m^3$、抛枕54495$m^3$、钢丝石笼护垫（0.23m）45839$m^2$、沉D10形排162141$m^2$、铺X形排39909$m^2$、透水框架697858架。工程投资为3.18亿元。

④应用效果与效益。

从已竣工的航道整治工程来看，软体排守护的洲滩都得以守护，相应的洲滩格局维持较好，航道整治效果良好，均达到了预期目标。仅以投资10300万元的长江中游沙市河段航道整治一期工程为例：项目研究成果在长江中游沙市河段三八滩航道整治工程得到应用后，为沙市河段三八滩的航道整治提供整治技术和可行的工程方案，缩短了工程前期工作时间，使工程提前实施，每年至少减少了航道维护经费500万~800万元。照此推算，航道整治工程每年产生的经济效益约为35000万~56000万元。

## 6.2 软体排沉排施工工艺与工法应用实例

（1）本书研究了通过镶嵌防缩排构件来达到控制排体收缩的技术在通州沙整治建筑物工程Ⅰ标段工程中的应用。

①应用工程概况。

本书研究依托长江航道局长江南京以下12.5m深水航道一期工程通州沙整治建筑物工程Ⅰ标段。长江南京以下12.5m深水航道一期工程整治建筑物工程位于长江太仓至南通间的通州沙和白茆沙水道，建设潜坝、丁坝和护岸等航道整治建筑物，全长40余公里，工程计划施工工期为27个月。通州沙整治建筑物工程分为2个标段，分界点里程号为T9+600。其中，Ⅰ标段施工内容为：通州沙潜堤（T0+000~T9+600）9600m；丁坝：6座（T1~T6）；相应导助航设施。

长江南京以下12.5m深水航道一期工程通州沙整治建筑物工程Ⅰ标段软体排铺设分部工程自2012年9月28日开始，已于2013年8月14日按照节点工期全部完成，铺排投影面积共约350万$m^2$。

②应用情况。

本工程位于长江下游的南通通州沙航道区域，靠近长江口的潮汐河段，流速的变化伴随长江径流量的影响较大，并且径流量的大小还有枯季和洪季之分；另外，根据南通通州沙气象和潮汐资料记载，通州沙航道区域台风较大，并且台风频繁发生，而且每天还有两个涨落潮的出现;此外,根据项目部对通州沙施工区域扫测结果分析,通州沙施工区域水深都在8m以上,部分施工区域水深甚至达到20m。通过通州沙施工工况可知,通州沙区域铺排受外界环境影响因素较大,极易出现排体收缩,并严重滞后了工程进度和影响了施工质量,并极大增加了施工成本。

③效益分析。

通过在连锁块排连锁块间绞合固定防缩排构件来阻止连锁块排缩排的防缩排方法,限制了排体排宽方向的收缩,起到增大铺排有效计量面积的作用,减少了由于缩排引起的排布、连锁块、丙纶绳等原材损耗,降低了施工成本,节约了工程投资。

采用防缩排构件,还有效地提高了深水沉排的排体搭接质量,避免了因排体搭接问题造成补排等质量修复措施。经统计,本次课题防缩排构件的成本包括木模制作费用、构件预制费用(包含原材料等综合价格)、人工成本(主要指搬运和安装费用)共计9600元。依据浮标检测采集的数据分析,安装固定防缩排构件的排体收缩减少了0.8m左右,排长240m,软体排平均单价按128.00元/㎡计算,则增大铺排有效计量面积所节约的产值为24576元,由此可知单张排体可节约1.5万元成本,经济效益可观。

(2)本项目制定的顺水沉排施工工法在长江中、下游黑沙洲、瓦口子、戴家洲、牯牛沙工地应用。

①应用工程概况(表6-1)。

顺水流沉排施工情况统计表　　表6-1

| 施工地点 | 施工日期 | 水深(m) | 流速(m/s) | 施工船舶 | 排幅宽度(m) | 工程量(万 $m^2$) | 质量评定 | 安全评定 |
|---|---|---|---|---|---|---|---|---|
| 黑沙洲 | 2008.3.15~2008.4.1<br>2009.2.15~2009.3.31 | 8~26 | 1.3 | 渝工排1、长雁2、重任3502 | 22 | 10<br>10 | 优(自评)<br>优(自评) | 安全<br>安全 |
| 瓦口子 | 2008.1~2008.2 | 5~6 | 0.8 | 宜工排2 | 25 | 5.027 | 优(自评) | 安全 |
| 戴家洲 | 2009.4~2009.5 | 5~7 | 1~1.5 | 宜工排2 | 22 | 7.2 | 优(自评) | 安全 |
| 姚监 | 2009.3~2009.5 | 3~12 | 1.2 | 三航驳301 | | 28 | 优(自评) | 安全 |
| 牯牛沙 | 2009.9~2009.11 | 5~12 | 0.8~1.2 | 皖淮工18<br>苏宝工18<br>航欣 | 40 | 29.1744 | 优(自评) | 安全 |
| 合计 | | | | | | 89.4014 | | |

②应用情况。

自2008年1月开始在瓦口子、黑沙洲工地开展顺流沉排试验施工以来,长江航道工程局结合"长江航道整治顺水流沉排施工工艺和船机设备关键技术研究"课题边试验边施工,在试验中取得数据,在施工中积累经验,为该项目施工工艺的完成奠定了基础。又通过2009年姚监、戴家洲、牯牛沙三个工地的施工检验,使该工艺更加完善。两年来,在5个工地共完成顺水流沉排89.4万 $m^2$;创产值4023万元。施工质量均达到优良标准、无一安全事故。两年多的实践证明,长江航道整治顺水流沉排施工工艺是可行的;只要选用合适的铺排船、配备经验丰富的施工人员、安全措施到位、精心施工沉排;施工的质量、安全是有保证的。

开展顺水流沉施工是长江航道整治施工多年的设想。排体尽可能沿河床冲刷变形方向铺设是有利于控制变形的，尤其是丁坝潜坝、护滩带的河床变形，一般表现在垂直坝轴线方向的破坏。从整治设计的角度看，施工中采用顺水流方向沉排可以避免这种破坏。前些年受船机设备简陋落后等诸多因素的制约，顺水流沉排的设想一直没能实现。随着长江航道建设步伐的加快、技术先进的大型铺排船的投入使用使顺水流沉排的试验、施工成为可能。开展顺水流沉排施工是长江航道整治施工的技术创新，是保证工程质量的有效手段。

③顺水流沉排施工工法评价。

A. 工作效率：该工艺在多个工地指导进行航道整治施工，有效地提高了工作效率。按照该工艺提供的流程和选定的参数组织生产，解决了施工过程中的许多技术难点，便于操作。

B. 质量评价：顺水流沉排施工从质量上看与垂直水流沉排相比要好。没有出现搭接不到位或断排等施工质量问题。更因为顺水流沉排具有可以避免坝体变形等独特优势，值得推广。

C. 安全性评价：顺水流沉排施工对船机设备性能要求更高、对人员技术能力、安全意识、安全措施要求更高。施工中高度重视安全，选用了适用的安全性能高的铺排船、选配了技术过硬的施工人员、安全措施到位。

D. 该工艺流程研究达到一定深度，选定的参数合理，能指导施工操作，满足合同要求。

(3) 本项目制定的感潮河段深水铺设连锁排施工工法在长江下游口岸直水道航道治理落成洲守护工程应用。

①应用工程概况。

本项目研究主要依托长江下游口岸直水道航道治理落成洲守护工程，该工程位于江苏省镇江市扬中河段左汊，受潮汐影响明显，属感潮河段，最大涨潮流 1.5m/s，最大落潮流 2.0m/s，平均潮差 1.96m，连锁排施工区域水深达到 21m 左右。施工内容主要为水下铺排、抛枕、抛石等，其中水下铺排 100 万 $m^2$，通过实施守护工程，抑制落成洲洲头和前沿低滩冲刷后退以及右汊发展的不利趋势，防止主航道条件进一步恶化，为实现 12.5m 深水航道延伸至南京奠定基础。工程于 2011 年 9 月 8 日进行水下铺排试开工，2011 年 11 月 25 日完成全部水下铺排施工。

②应用情况。

本工程水下铺排施工前期主要采用常规的铺排施工方法，候潮施工时间长，施工时间利用率低，在部分施工区域水深达到 15m 左右时，出现撕排、断排现象，严重影响工程进度与施工质量，甚至威胁现场施工安全。该工程位于感潮河段，施工区域水深，且受涨落潮及顺岸流影响，水流流速大、流态紊乱，候潮施工时间长，易出现撕排、断排现象，施工难度大。针对感潮河段深水铺设连锁排的施工难点及常规铺排的应用局限性，本文提出了如下改进方案：在不改变排体结构的前提条件下，增大排体的抗拉、抗疲劳能力，以适应感潮河段深水区域连锁排施工的技术要求，减少候潮施工时间，确保施工质量与安全。改进连锁块的系结方式，形成整体性强，能适应较大变形和水流冲击的连锁排。根据铺排船的操作特性及施工现场实际情况，确定合理的移船速度，减少移船对排体瞬间受力的影响。

③工法效益分析。

A. 通过采取增加活动加筋条、绑系相邻连锁块、控制移船速度等技术方案与施工措施，解决了在感潮河段深水区域进行水下铺设连锁排施工时易发生撕排、断排，甚至发生安全事故等难题，确保了工程质量与安全，降低了施工成本。

B. 缩短了感潮河段深水铺排施工的候潮时间，平均每天可增加约2h的铺排作业时间，提高了施工时间利用率，加快了工程进度。

C. 通过增加活动加筋条、绑系相邻连锁块等技术方案，拓宽了水下铺设连锁排施工的应用范围，且该方案操作简单、成本低廉，对施工区域无污染。

## 6.3　铺排船船机设备研制与铺排船自动控制应用实例

(1)船机设备关键技术应用。

①在40m铺排船建造应用情况

8台移船绞车额定拉力由250kN、支持负载500kN增至额定拉力300kN、支撑负载750kN。理由：课题研究试验中对试验船舶锚缆进行了受力分析，分析认为顺水流沉排上游4根锚缆受力最大且放排过程中锚机处于被动放缆；在深水大流速情况下锚机、缆绳的抗拉强度应满足安全需要。因此，除需加大额定拉力外更主要是加大支持负载。铺排机构的负载能力由1600kN加大到2500kN。理由：课题研究试验中测试结果40m排幅排布最大总拉力为2200kN。横向牵引导轨的技术改进：为适应不同水深沉排就必然要求横向牵引导轨能够根据不同水深安装不同长度的横向牵引导轨，导轨长度分为9m、13m、16m、20m。为满足导轨足够的抗弯强度，采用了箱梁结构。为拆装方便，导轨与滑板之间采用螺杆连接固定。滑排板的技术改进：为满足深水大流速顺流沉排需要，在船舶其他技术允许的情况下，滑排板宽度应尽可能加宽，以保证沉排过程中对排体的有效支撑。为减少因滑排板放下后及因排体悬挂对船舶横倾的影响，滑排板采用了箱型结构，保证滑排板入水后具有一定浮力，浮力达到了滑板重量的90%。滑排板抗弯、抗扭强度得到了加强。能有效地克服水下排布的纵向拉力对滑排板外边缘施加的很大的弯曲外力和顺水流沉排时的动水压力。

②应用效果。

经现场测试，该项目船机设备关键技术研究成果满足合同要求，选用的技术参数合理，实际应用效果良好。

(2)软体铺排船作业综合自动监控运行效果。

①应用情况。

“渝工排1号”为内河首条配置铺排船作业综合监控系统的铺排船，2005年正式投入使用，是内河航道治理工程中技术最新的工程船舶之一，综合应用了现场总线技术、GPS定位技术、三维图形显示、智能控制技术等先进的技术与手段。该船在投入使用后，参加了宜昌胭脂坝河床护底加糙工程、长江东流鱼骨坝工程铺排护底工程、东流1号丁坝铺排护底工程等多项工程。实船运行表明，系统具有运行稳定可靠，实时性强，监控功能丰富等优点，与人工手动控制施工相比，施工自动化程度、精度及效率都有了明显的提高。

A. 高度自动化，操作简单化。监控系统采用简洁的中文菜单界面，操作人员根据施工预案，对工控机发出指令即可进行自动移船、纠偏和放排作业，并确保移船和放排的同步，不需要人工进行频繁的船位调整，把繁琐、复杂的船位调整变成了程序化的简单指令。

B. 定位精度高，确保了铺排质量。在东流工程施工中，该船铺排质量大大高于设计及监理的要求，深受建设方的好评。实船DGPS定位精度可达0.1m，排条搭接精度可达0.5m，大大超过了铺排施工的精度要求。

C. 劳动强度降低,生产效率提高;施工成本降低,经济效益提高。该船配置的自动监控系统使原本繁重的移船工作变成了简单的指令操作,并且计算机适时显示水下形态,使移船变得安全、轻松、可靠。在放排过程中,由多人的组合劳动变成了一人的指令操作,监控计算机自动控制铺排过程。铺排量、铺排过程和铺排精度随机监控,操作和监理人员随机查看。因此,建设方对"渝工排 1 号"的施工质量特别满意。

②应用效果。

武汉航道工程局"长雁 1 号"是当时国内铺排宽度最大(40m)、精度最高、作业深度变化范围最大、范围最广的江海两用铺排船;重庆航道工程局"长雁 2 号"是在前两型铺排船的基础上优化而成的,进一步扩大了铺排作业的适应范围。宜昌航道局"长雁 8 号"是国内首艘按照适应长江航道顺水流铺排作业设计的 40m 大型铺排船,除能够实现集中手动控制作业外,还可利用全智能控制系统实现全自动控制作业,设计铺排精度误差不超过 2cm。与同级别铺排船相比,该船最大优势在于它能在水深 1.5 ~ 20m、流速每秒 0 ~ 2.5m 的条件下进行顺水铺排。由此可见,具有智能控制功能的铺排船的投入使用,使航道整治施工效率、精度以及经济效益都得到了大幅提高。

## 6.4 软体排施工控制信息化技术应用实例

深水沉排施工过程水下监测综合信息系统在长江中游牯牛沙和荆江整治 IV 标段,长江下游通州沙、落成州和福姜沙等工程应用。

沉排施工水下监测统计,见表 6-2。

沉排施工水下监测统计　　表 6-2

| 序号 | 项目名称 | 工程总概算(万元) | 建设内容 |
|---|---|---|---|
| 1 | 长江南京以下 12.5m 深水航道一期工程通州沙 I 标段 | 67359 | 通州沙整治建筑物护滩工程,超前护底 1020m 铺设软体排,潜堤 9600m 和 6 座丁坝铺设软体排和抛石 |
| 2 | 长江中游牯牛沙水道航道整治二期工程 | 10419 | 1 号勾头丁坝,2 号勾头丁坝,3 号丁顺坝,护岸加固工程,建设期维护工程 |
| 3 | 长江中游昌门溪至熊家州段荆江航道整治 IV 标段 | 58923 | 南碾湾边滩守护工程,新河口加固工程,莱家铺边滩守护工程,南河口抛石护底 |
| 4 | 长江下游口岸直水道航道治理落成州守护工程 | 27068 | 护滩带,三益桥,丰乐桥,三江营护岸 |
| 5 | 长江下游福姜沙水道航道治理双涧沙守护工程施工第一标段 | 18001 | 长 3880m 的北顺堤工程和护岸加固工程 |
| 6 | 长江下游福姜沙水道航道治理双涧沙守护工程施工第二标段 | 20002 | 长 1900m 的头部潜堤工程和长 7851 米的南顺堤工程 |
| 合计 | | 201772 | |

(1)应用情况。

自2013年1月开始在长江南京以下12.5m深水航道一期工程通州沙整治建筑物工程I标段工地开展铺排施工以来,结合“深水沉排水下在线检测系统”课题边施工边检测,在检测中积累经验,为该项目系统的完成奠定了基础。2013年3月,邀请武汉理工大学到施工现场,并召开科技创新讨论会,交流和讨论相关技术问题,使该系统更加完善。通过通州沙I标段铺排施工检测的实践证明该系统对于沉排施工质量的检测是可行的,能够准确地获得沉排搭接区域的宽度及确定沉排关键点的位置信息,有效监控水下铺排施工质量,提供水下沉排情况的详细信息。

开发深水沉排水下在线检测系统是长江航道整治施工多年的设想。在国内铺排施工过程中,为保证铺排质量,相邻排体需预留一定的搭接宽度,但由于排体在沉排过程中受重力和各种环境因素的影响,排体沉放后会出现排体排宽方向的收缩。通常为了满足设计搭接宽度,只能通过增加水面上的搭接宽度来确保排体着床后满足设计搭接宽度要求。增加水上搭接宽度,增加了铺排无效面积,增加了施工成本,也降低了施工工效。由于受潮汐和水下径流等诸多因素影响,传统的浮漂检测法不仅效率低、精度不高,而且在大风期、冬季和夜间存在安全隐患。水下探摸摄像检测红色加筋条无法全面、量化地反映实际搭接情况。成果应用表明开展“深水沉排水下在线检测系统”项目加快了航道整治建设进度,保障了工程质量,降低了施工成本,从而为创建航道整治高效工程、优质工程、科技工程提供保障。其研究成果可直接应用于长江南京以下12.5m深水航道二期工程、大荆江航道整治工程和其他航道整治建筑物工程,对提高航道施工能力提供了有力的技术支撑。

(2)深水沉排水下在线检测系统评价。

工作效率:该系统在多个航段检测沉排施工质量,有效地提高了工作效率。解决了传统的水下探摸摄像方法与浮漂检测法受天气影响的弊端,解决了施工检测过程中的许多技术难点。质量评价:该系统结合铺排船的定位系统,解决水下铺排搭接宽度测量及关键点定位等关键问题。更因为深水沉排水下在线检测系统检测结果更加精准,值得推广。安全性评价:深水沉排水下在线检测系统的使用,避免了潜水探摸摄像方法中可能给潜水员带来的安全问题,因为在施工中高度重视安全,选用了适用的安全性能高的铺排船、选配了技术过硬的施工检测人员、安全措施到位。安全有了保证,没出现安全事故。该系统研究达到一定深度,能高效、准确地检测深水沉排施工质量,具有高效率、高精度的特点,满足合同要求。

# 参 考 文 献


[1] 闫军,刘怀汉,等.心滩守护工程对航道冲淤特性影响的数值模拟[J].水动力学研究与进展,2012,27(5):589-596.

[2] 张秀芳,王平义,王伟峰,等.软体排护滩带的护滩效果研究[J].水运工程,2010(12):98-103.

[3] 陈晓云,周冠伦,刘怀汉.长江中游航道整治技术研究[J].水道港口,2005(5):7-14.

[4] 张群.软体排顺水流施工受力分析与实船测试研究[J].武汉理工大学学报,2014(2):23-27.

[5] 张群.深水沉排水下声纳成像技术及增强方法研究[J].武汉理工大学学报,2014(5):46-52.

[6] 吕永祥.荆州航道整治工程安全生产管控一体化技术方案[J].水运工程,2014(5):127-131.

[7] 张景明,严之菲.软体排深水沉放结构受力试验分析[J].水运工程,2002(10):33-35.

[8] 钟润兵,何其勇.新型排头牵引装置对提高铺排质量的作用[J].中国水运,2009,9(11):4-6.

[9] 石满菊,段宝德,余志刚.混凝土系结块软体排施工关键技术[J].葛洲坝集团科技,2009(1):46-49.

[10] 程玉来,赵龙根,楼启为.土工织物软体排在长江口深水航道治理工程一期北导堤工程中的应用[J].水运工程,2000(12):53-58.

[11] 黄继刚.复杂条件下软体排铺设施工实例[J].中国水运,2010(5):133-134.

[12] 刘颖.航道工程软体排沉排的受力分析[D].武汉:武汉理工大学,2010.

[13] 陈泽迹.褚辉.铺排船施工经验的探讨[J].中国水运,2010(10):230-231.

[14] 钱华伟.荣万岭.冯朋.浅谈外海大潮差地区水下大型软体排铺设工艺的改进[J].港工技术,2011(4):36-39.

[15] 绞岛直人.荒天锚泊法相关实验研究(第一报)[J].日本航海学会论文集,第22号,1960,3.

[16] 米田谨次郎.荒天锚泊法相关实验研究[J].日本航海学会论文集,第23号,1960,12.

[17] Per. I. J.. A Finite Element Model for Dynamic Analysis of Mooring Cables. Doctor Thesis of MIT,1976.

[18] 魏云雨,洪碧光,于洋.锚泊运动的数学模型[J].大连海事大学学报,2004(3):21-23.

[19] Chai YT, Varyani KS, Barltrop NDP Semi -analytical quasi -static formulation for three -dimensional partially grounded mooring system problems. Ocean Eng,2002(29):626-649.

[20] 黄剑,朱克强.半潜式平台两种锚泊系统的静力分析与比较[J].华东船舶工业学院学报(自然科学版),2004(3):1-5.

[21] 孙宁松. 海上移动式平台锚泊定位系统锚索链受力分析[J]. 中国海洋平台,2008(2):41-44.

[22] 马延德,孙德壮,王言英. 浮式生产储油船锚泊定位性能计算[J]. 中国造船,2006(4):14-20.

[23] 陈泽迹. 褚辉. 江道立. 深水区软体排的铺设[J]. 水运工程,2012(1):24-27.

[24] 焦永强,田维新,潘贤亮. 超短基线测量技术在铺排施工中的应用[J]. 中国港湾建设,2013(6).

[25] 陈辉,吴杰,赵钢,等. 多波束测深系统在长江沉排护岸工程运行状况监测中的应用[J]. 长江科学院院报,2009(7).

[26] 冯守珍,吴永亭,唐秋华. 超短基线声学定位原理及其应用[J]. 海岸工程,2002(4).

[27] 李涛章,叶松,廖小元,等. 铰链混凝土板沉排新技术与施工实践[J]. 人民长江,2002(8).

[28] 陈海明,崔莉,谢开斌. 物联网体系结构与实现方法的比较研究[J]. 计算机学报,2013,36(1).

[29] 孙其博,刘杰,等. 物联网:概念、架构与关键技术研究综述[J]. 北京邮电大学学报,2010(3):33.

[30] 肖建国. 浅谈软体排施工在江苏南通洋口港区接岛引堤工程的应用[J]. 中国西部科技,2007(8):42-44.

[31] 张景明. 长江口深水航道治理工程护底软体排结构设计[J]. 水运工程,2006(12):20-23.

[32] 吴苏舒,张玮,袁和平. 不同部位护底混凝土连锁排稳定特性研究[J]. 水运工程,2008(11):53-57.

[33] 曹棉. 软体排在长江航道整治工程中的应用[J]. 水运工程,2004(9):70-73.

[34] 朱宪武. 混凝土连锁块软体排的受力分析与计算[J]. 水运工程,2000(12):21-26.